全国技工院校计算机类专业教材（中／高级技能层级）

Windows 10基础与应用

主　编　魏宝亮

副主编　李　萍　国梦露

主　审　邱　杉

中国劳动社会保障出版社

简介

本书主要内容包括 Windows 10 的基本操作、Windows 10 工作环境的配置、Windows 10 计算机资源的管理、Windows 10 实用工具的使用、Windows 10 网络工具的使用等。

本书由魏宝亮任主编，李萍、国梦露任副主编，李伟彦、朱文娴、李昕参与编写，邱杉任主审。

图书在版编目（CIP）数据

Windows 10 基础与应用 / 魏宝亮主编 . -- 北京：中国劳动社会保障出版社，2024. --（全国技工院校计算机类专业教材）. -- ISBN 978-7-5167-6536-4

Ⅰ. TP316.7

中国国家版本馆 CIP 数据核字第 202456AJ32 号

中国劳动社会保障出版社出版发行

（北京市惠新东街 1 号　邮政编码：100029）

＊

保定市中画美凯印刷有限公司印刷装订　　新华书店经销

787 毫米 ×1092 毫米　16 开本　14.75 印张　282 千字

2024 年 9 月第 1 版　　2024 年 9 月第 1 次印刷

定价：**37.00 元**

营销中心电话：400-606-6496

出版社网址：http://www.class.com.cn

http://jg.class.com.cn

前　言

为了更好地满足全国技工院校计算机类专业的教学要求，适应计算机行业的发展现状，全面提升教学质量，我们组织全国有关学校的一线教师和行业、企业专家，在充分调研企业用人需求和学校教学情况、吸收借鉴各地技工院校教学改革的成功经验的基础上，根据人力资源社会保障部颁布的《全国技工院校专业目录》及相关教学文件，对全国技工院校计算机类专业教材进行了修订和新编。

本次修订（新编）的教材涉及计算机类专业通用基础模块及办公软件、多媒体应用软件、辅助设计软件、计算机应用维修、网络应用、程序设计、操作指导等多个专业模块。

本次修订（新编）工作的重点主要有以下几个方面。

突出技工教育特色

坚持以能力为本位，突出技工教育特色。根据计算机类专业毕业生就业岗位的实际需要和行业发展趋势，合理确定学生应具备的能力和知识结构，对教材内容及其深度、难度进行了调整。同时，进一步突出实际应用能力的培养，以满足社会对技能型人才的需求。

针对计算机软、硬件更新迅速的特点，在教学内容选取上，既注重体现新软件、新知识，又兼顾技工院校教学实际条件。在教学内容组织上，不仅局限于某一计算机软件版本或硬件产品的具体功能，而是更注重学生应用能力的拓展，使学生能够触类旁通，提升综合能力，为后续专业课程的学习和未来工作中解决实际问题打下良好的基础。

创新教材内容形式

在编写模式上，根据技工院校学生认知规律，以完成具体工作任务为主线组织教材内容，将理论知识的讲解与工作任务载体有机结合，激发学生的学习兴趣，提高学生的实践能力。

在表现形式上，通过丰富的操作步骤图片和软件截图详尽地指导学生了解软件功能并完成工作任务，使教材内容更加直观、形象。结合计算机类专业教材的特点，多数教材采用四色印刷，图文并茂，增强了教材内容的表现效果，提高了教材的可读性。

本次修订（新编）工作还针对大部分教材创新开发了配套的实训题集，在教材所学内容基础上提供了丰富的实训练习题目和素材，供学生巩固练习使用，既节省了教材篇幅，又能帮助学生进一步提高所学知识与技能的实际应用能力。

提供丰富教学资源

在教学服务方面，为方便教师教学和学生学习，配套提供了制作素材、电子课件、教案示例等教学资源，可通过技工教育网（http://jg.class.com.cn）下载使用。除此之外，在部分教材中还借助二维码技术，针对教材中的重点、难点内容，开发制作了操作演示微视频，可使用移动设备扫描书中二维码在线观看。

致谢

本次修订（新编）工作得到了河北、山西、黑龙江、江苏、山东、河南、湖北、湖南、广东、重庆等省（直辖市）人力资源社会保障厅（局）及有关学校的大力支持，在此我们表示诚挚的谢意。

编者

2023 年 4 月

目 录

CONTENTS

项目一
Windows 10 的基本操作

Windows 10 是微软公司研发的跨平台操作系统，于 2015 年正式发布。Windows 10 拥有新的界面设计、增强的性能和更多的功能，同时也支持跨设备的使用，包括计算机、手机等设备。Windows 10 不仅可以满足用户的日常使用需求，而且还可以为企业提供更强的安全性、管理性和控制性。Windows 10 也是一个生态系统，支持各种应用程序，为用户提供更多的选择和便利。

任务 1　Windows 10 桌面的操作

1. 认识 Windows 10 窗口、"开始"菜单、桌面和任务栏。
2. 能对 Windows 10 桌面图标、窗口和"开始"菜单等进行操作。
3. 能对 Windows 10 任务栏进行操作。

小王同学是信息工程系学生会秘书部干事，主要负责学生档案管理、资料录入等

日常信息管理工作。由于工作需要，他经常使用计算机完成各项任务，需要对计算机中 Windows 10 的桌面操作非常熟悉。学习在 Windows 10 桌面上进行操作是使用计算机的基础，掌握这些操作可以更加高效地使用计算机，并且可以在处理工作、学习和娱乐时更加得心应手，为小王同学在以后使用计算机工作时提供更多的帮助，具体要求如下。

1. 在 Windows 10 中完成桌面图标的显示、大小更改、排列、删除以及桌面快捷方式的创建等桌面图标管理工作。

2. 在 Windows 10 中完成睡眠、重启及关机等日常操作。

3. 在 Windows 10 桌面中完成窗口的打开和关闭、最大化和最小化、移动和大小调整、切换、分屏和多任务管理等窗口的基本操作。

4. 在 Windows 10 的任务栏中完成应用程序的固定、任务栏的锁定等日常操作。

5. 能打开 Cortana（小娜）并使用其功能。

相关知识

一、Windows 10 窗口

1. 窗口的概念

Windows 10 窗口在操作系统中扮演着重要的角色，不仅提供了用户与计算机交互的界面，还使得多任务处理变得更加方便和高效。Windows 10 窗口是应用程序与用户之间交互的桥梁，每个窗口都代表了一个正在运行的应用程序或系统工具，用户可以通过窗口查看应用程序的内容、执行命令、输入数据等，窗口的直观性和易于操作性使得用户能够轻松地与计算机进行交互，窗口的大小和位置可以根据用户的需要进行调整，以便更好地展示应用程序的内容，窗口的堆叠、平铺和切换功能使得多任务处理变得更加灵活和高效。

Windows 10 允许用户对窗口进行定制和个性化设置，用户可以设置窗口的主题、颜色、字体等，以创建符合自己喜好的界面，还可以调整窗口的透明度等属性，以满足不同的使用需求。

2. 窗口的组成

Windows 10 窗口中包含标题栏、菜单栏、功能区、地址栏、搜索栏、导航窗格、窗口工作区和状态栏等组成部分，如图 1-1-1 所示。

（1）标题栏

窗口的上方是标题栏，标题栏上有窗口标题和一些控制按钮。使用这些控制按钮

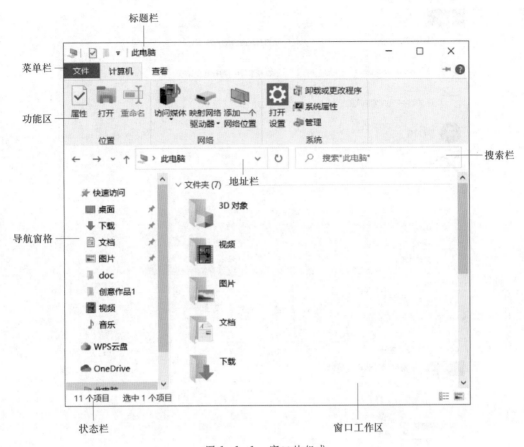

图 1-1-1　窗口的组成

可以操作窗口的最小化、最大化和关闭。在 Windows 10 中，标题栏的颜色可以根据应用程序的主题或用户自定义进行调整。

（2）菜单栏

标题栏的下方是菜单栏，菜单栏上有一些菜单和选项卡名称，可以用于操作应用程序。其中，"文件"菜单如图 1-1-2 所示，该菜单提供了一些基本操作选项，如"打开新窗口（N）""关闭（C）"等，可以通过"打开 Windows PowerShell（R）"选项使用命令行工具来操作文件和文件夹。

（3）功能区

功能区用于在同一窗口中切换不同的功能界面，Windows 10 的功能区主要是指地址栏上方的一块图形化的功能操作区域，显示功能区的操作方法如下。

1）使用快速访问工具栏。单击"自定义快速访问工具栏"按钮，在下拉菜单（见图 1-1-3）中取消勾选"最小化功能区（N）"复选框。

图 1-1-2 "文件"菜单

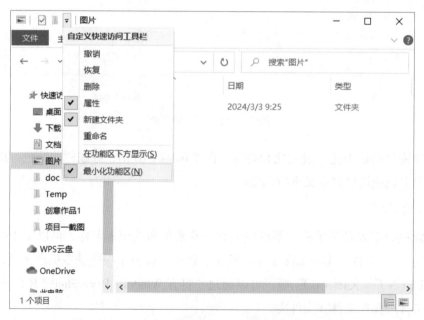

图 1-1-3 "自定义快速访问工具栏"按钮的下拉菜单

2）使用菜单栏的右键菜单。在菜单栏空白处单击鼠标右键，在弹出的快捷菜单（见图 1-1-4）中取消勾选"最小化功能区（N）"复选框。

3）使用菜单栏按钮。单击菜单栏右侧的"展开功能区（Ctrl+F1）"按钮，如图 1-1-5 所示。

图 1-1-4　菜单栏的右键菜单

图 1-1-5　"展开功能区（Ctrl+F1）"按钮

功能区中有以下几种选项卡。

1）"主页"选项卡。该选项卡包含了一些最常用的文件和文件夹操作选项，如剪切、复制、粘贴、重命名、删除、新建文件夹等，如图 1-1-6 所示。

图 1-1-6 "主页"选项卡

2）"共享"选项卡。该选项卡提供了用于共享文件和文件夹的操作选项，如发送电子邮件、打印、传真等，如图 1-1-7 所示。

3）"查看"选项卡。该选项卡包含了用于查看和编辑文件和文件夹的操作选项，如大图标、列表等视图以及导航窗格、分组、排序等，如图 1-1-8 所示。

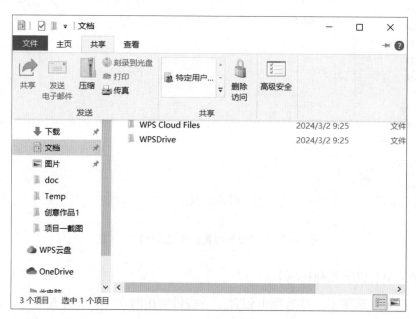

图 1-1-7 "共享"选项卡

图 1-1-8　"查看"选项卡

（4）地址栏

地址栏用于显示当前打开的文件在系统中的位置。

1）此电脑。在地址栏的开头有一个图标，表示用户当前正在查看计算机中的文件和文件夹。

2）路径。这是地址栏的主要部分，按照从顶层文件夹到当前文件夹的顺序显示文件夹的路径。

3）箭头按钮。地址栏中的箭头按钮便于用户在查看过的文件夹之间快速切换。

4）当前文件夹名称。地址栏的最右侧是当前文件夹的名称。

（5）搜索栏

搜索栏用于快速搜索文件。用户可以在搜索栏中输入关键词，在 Windows 10 自动搜索并显示相关结果后，单击搜索结果打开文件、应用程序或进行设置等操作。搜索栏是 Windows 10 的重要功能之一，便于用户快速查找需要的文件和信息。

（6）导航窗格

在 Windows 10 中，导航窗格一般位于文件资源管理器的左侧，包括快速访问、文件夹等选项，用户可以单击这些选项来展开相关的列表，进行快速访问和管理。

（7）窗口工作区

窗口工作区是指窗口中可供用户工作的区域，用于显示文件夹或应用程序中的具体内容。

（8）状态栏

状态栏是指位于窗口底部的一条水平条形区域，其主要部分包括以下内容。

1）项目计数器。状态栏最左侧显示当前文件夹中的项目数量，包括文件和文件夹。

2）选中计数器。当用户选中文件或文件夹时，状态栏会显示被选中的项目数量。

3）视图按钮。用户可以通过状态栏最右侧的视图按钮切换显示效果。

二、Windows 10"开始"菜单

在 Windows 中，"开始"菜单是一个非常重要的组件，它提供了访问计算机上各种应用程序、系统工具和设置选项的途径。下面将介绍 Windows 10 中"开始"菜单的组成部分、功能和使用方法。

1."开始"菜单的组成部分

"开始"菜单如图 1-1-9 所示，通常包含以下几个部分。

（1）"开始"菜单图标

"开始"菜单图标位于任务栏的最左侧，通常是 Windows 图标或 Microsoft 徽标。单击该图标将打开"开始"菜单。

图 1-1-9 "开始"菜单

（2）应用程序列表

应用程序列表位于"开始"菜单的左侧，包含计算机上已安装的所有应用程序的快捷方式。此列表通常按字母顺序排列，可以通过滚动列表或搜索来查找所需的应用程序。

（3）最近添加的应用程序

最近添加的应用程序位于应用程序列表的上方，此处显示最近安装或打开的应用程序的快捷方式。

（4）固定到"开始"菜单的应用程序

已固定到"开始"菜单的应用程序的快捷方式位于最近添加的应用程序下方。可以通过右键单击应用程序图标并选择"固定到开始屏幕"将应用程序添加到该列表中。

（5）"设置"按钮

"开始"菜单中还包含一个"设置"按钮，用户可以通过它更改系统配置和偏好设置。

（6）"用户账户"按钮

在"开始"菜单中通常会显示当前登录的用户账户的信息（如头像和用户名）。

（7）"电源"按钮

在"开始"菜单的左下角，用户可以找到睡眠、关机和重启等电源管理选项。

2. "开始"菜单的功能

"开始"菜单具有以下功能。

（1）启动应用程序

用户可以通过"开始"菜单启动计算机上已安装的应用程序，使其更加易于访问和使用。

（2）访问系统工具

用户可以通过"开始"菜单访问各种系统工具，如控制面板、设备管理器等。

（3）搜索文件和应用程序

用户可以通过"开始"菜单中的搜索框搜索计算机上的文件和应用程序，以便更快地找到所需内容。

（4）操作用户账户

用户可以通过"用户账户"按钮管理和更改自己的账户设置，如更改密码、注销等。

3."开始"菜单的使用方法

"开始"菜单的使用方法非常简单，以下是一些常见的使用方法。

（1）打开"开始"菜单

单击"开始"菜单图标或者按 Windows 键可以打开"开始"菜单。

（2）打开应用程序

在"开始"菜单的左侧可以找到所有已安装的应用程序，单击应用程序的图标可以打开该应用程序。

（3）固定应用程序

可以将常用的应用程序固定到"开始"菜单的磁贴区域，以便快速访问这些应用程序。

（4）搜索应用程序、文件等

在"开始"菜单底部的搜索框中输入关键字可以搜索应用程序、文件等。

（5）打开"设置"窗口

通过单击"开始"菜单左下角的"设置"按钮可以打开"设置"窗口。

三、Windows 10 桌面

Windows 10 桌面是用户使用 Windows 10 时最常见的界面，它为用户提供了统一的控制台，用户可以方便地管理和使用计算机上的各种文件、应用程序、系统设置和用户数据。下面介绍 Windows 10 桌面的组成部分、常见操作和使用技巧。

1. Windows 10 桌面的组成部分

Windows 10 桌面如图 1-1-10 所示，通常包含以下几个组成部分。

（1）桌面背景

桌面背景是我们在桌面上看到的背景图片或颜色，可以通过右键单击桌面并选择"个性化（R）"来更改桌面背景。

（2）任务栏

任务栏位于桌面底部，它包含"开始"菜单图标、已打开的应用程序图标、通知区域等。用户可以通过任务栏访问各种应用程序和系统设置。

（3）桌面图标

桌面图标是我们在桌面上看到的各种应用程序、文件和文件夹的桌面快捷方式。用户可以通过桌面图标启动应用程序、打开文件和文件夹等，例如，可以通过单击"此电脑"图标打开文件资源管理器，用于打开和查看文件、文件夹以及管理存储设备等。

图 1-1-10　Windows 10 桌面

2. Windows 10 桌面的常见操作

以下是 Windows 10 桌面的一些常见操作。

（1）打开应用程序

双击桌面应用程序图标或在"开始"菜单中单击应用程序即可打开应用程序。

（2）移动桌面图标

单击并拖动桌面图标即可将其移动到所需位置。

（3）截图

使用 Windows+Shift+S 组合键进行截图，并选择截图区域，如图 1-1-11 所示。

（4）重命名桌面图标

右键单击桌面图标，选择"重命名（M）"（见图 1-1-12）并输入新名称即可更改桌面图标名称。

（5）打开任务管理器

右键单击任务栏，在弹出的快捷菜单中选择"任务管理器（K）"，如图 1-1-13 所示。

（6）更改任务栏位置

右键单击任务栏并选择"任务栏设置（T）"→"任务栏"，在"任务栏在屏幕上的位置"中进行选择，即可将任务栏移到桌面靠左、顶部、靠右或底部位置，如图 1-1-14 所示。

图 1-1-11　截图

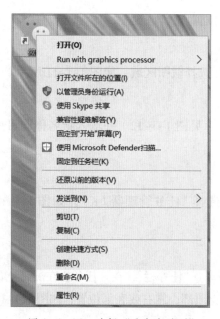

图 1-1-12　选择"重命名（M）"

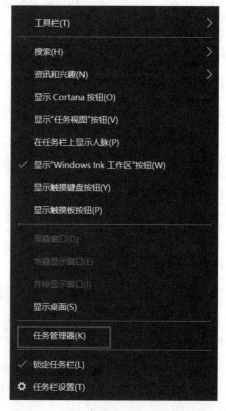

图 1-1-13　选择"任务管理器（K）"

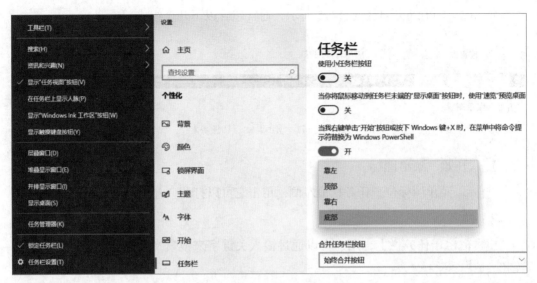

图 1-1-14　更改任务栏位置

3. Windows 10 桌面的使用技巧

以下是一些 Windows 10 桌面的使用技巧。

（1）自定义桌面图标大小

右键单击桌面空白处并选择"显示设置（D）"→"缩放与布局"→"更改文本应用等项目的大小"即可更改桌面上图标的大小。

（2）使用快捷键

使用 Windows+D 组合键可以最小化所有打开的窗口并返回桌面，使用 Windows+E 组合键可以打开文件资源管理器。

（3）使用虚拟桌面

在 Windows 10 中可以创建多个虚拟桌面，并可以在不同的虚拟桌面上打开不同的应用程序以及进行不同的任务。可以使用 Windows+Tab 组合键访问虚拟桌面。

（4）个性化任务栏

可以通过右键单击任务栏并选择"任务栏设置（T）"来更改任务栏的颜色、透明度等。

通过了解桌面的组成部分、常见操作和使用技巧，可以更好地使用 Windows 10 并提高工作效率。

四、Windows 10 任务栏

任务栏是用户与 Windows 10 交互的重要界面之一，用户可以在任务栏上操作多个窗口和应用程序，以及查看系统通知、音量、网络状态等信息。

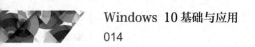

Windows 10任务栏如图1-1-15所示，通常包含以下几个组成部分。

搜索框 应用程序图标 通知区域

"开始"菜单图标

图1-1-15　Windows 10任务栏

1. "开始"菜单图标

"开始"菜单图标位于任务栏最左侧，单击它可以打开"开始"菜单。

2. 搜索框

搜索框位于任务栏上，用户可以通过输入关键字来搜索文件、应用程序、系统设置和其他内容。

3. 应用程序图标

已打开的应用程序图标位于搜索框右侧，用户可以通过单击它们访问已打开的应用程序。

4. 通知区域

通知区域具有一个系统托盘，其中包含常见的系统图标，如时间、音量、网络、电源、通知中心等图标。可以将其他程序的通知显示在通知区域中。

用户也可以根据需要对任务栏进行进一步定制和个性化，如增加或删除系统托盘中的图标、在任务栏中显示桌面窗口以及更改其样式等。

一、Windows 10桌面图标的管理

Windows 10桌面图标的管理操作非常简单，用户可以根据需要和偏好随时更改桌面图标的显示、大小和排列方式，以及创建和删除桌面快捷方式。

1. 显示桌面图标

在Windows 10中，默认情况下可能不是所有的桌面图标都会显示在桌面上。如果需要将某些缺失的图标重新显示出来，可以按照以下步骤操作。

右键单击桌面空白处，选择"个性化（R）"→"主题"→"桌面图标设置"。在"桌面图标设置"对话框中，勾选需要显示在桌面上的图标的复选框，如"计算机（M）""回收站（R）""控制面板（O）"等，单击"确定"按钮，如图1-1-16所示。

图 1-1-16 显示桌面图标

2. 更改桌面图标大小

在 Windows 10 中，用户可以根据喜好更改桌面图标的大小，具体操作如下。

右键单击桌面空白处，选择"查看（V）"，再选择所需的图标大小（大图标、中等图标、小图标），如图 1-1-17 所示。

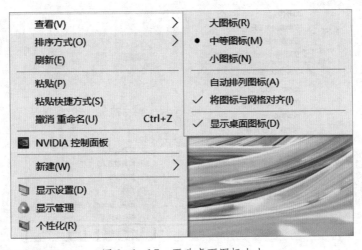

图 1-1-17 更改桌面图标大小

3. 排列桌面图标

在 Windows 10 中，用户可以根据喜好排列桌面图标，具体操作如下。

右键单击桌面空白处，选择"查看（V）"→"自动排列图标（A）"（见图 1-1-18）或"将图标与网格对齐（I）"，以使用相应的排列方式。如果需要手动排列图标，则可以通过拖动图标来实现。

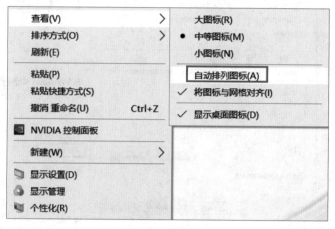

图 1-1-18　排列桌面图标

4. 创建桌面快捷方式

在 Windows 10 中，用户可以将任何文件、文件夹或应用程序创建为桌面快捷方式，以便更快地访问，具体操作如下。

右键单击需要创建快捷方式的文件、文件夹或应用程序，选择"发送到（N）"→"桌面快捷方式"，如图 1-1-19 所示。

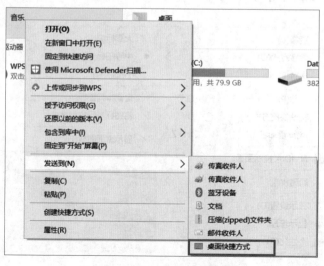

图 1-1-19　创建桌面快捷方式

5. 删除桌面图标

在 Windows 10 中，用户可以删除桌面上的任何图标，具体操作如下：

右键单击需要删除的图标，选择"删除（D）"即可，如图 1-1-20 所示。如果需要恢复删除的图标，可以在回收站中找到并还原它们。

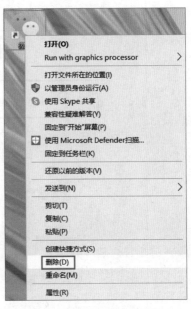

图 1-1-20　删除桌面图标

二、睡眠、重启与关机的设置

1. 睡眠

Windows 10 的睡眠模式是一种省电模式，可以让计算机在不关闭任何文件或程序的情况下进入低功耗状态，以便稍后更快地恢复正常功能。此模式可以在不需要完全关闭计算机的情况下保留当前的工作进度，同时也可以节省电力。

如果想让计算机在一段时间后自动进入睡眠状态，可以按照以下步骤操作。

（1）单击"开始"菜单图标→"设置"，如图 1-1-21 所示。

（2）在"设置"窗口中单击"系统"，如图 1-1-22 所示。

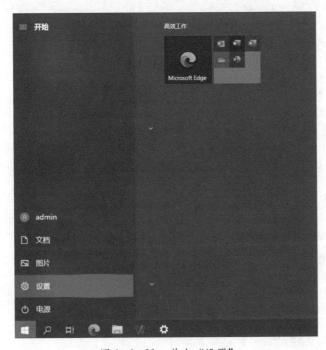

图 1-1-21　单击"设置"

图 1-1-22 单击"系统"

（3）在左侧栏中单击"电源和睡眠"，如图 1-1-23 所示。

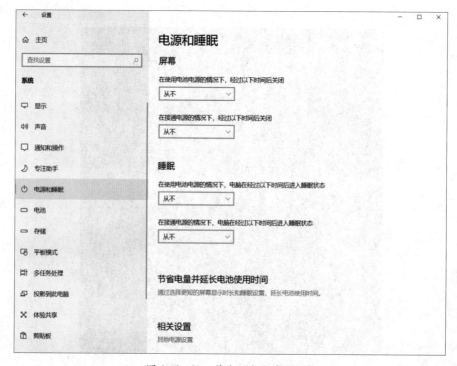

图 1-1-23 单击"电源和睡眠"

（4）根据使用情况在"睡眠"中选择想要的时间间隔，如图 1-1-24 所示，保存更改即可。

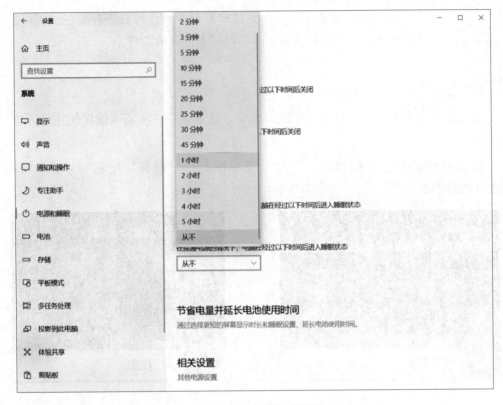

图 1-1-24　选择时间间隔

提示

　　请注意，如果计算机处于睡眠模式，用户可以通过移动鼠标或按任意键唤醒它。如果需要长时间离开计算机，建议选择关闭计算机而不是将其置于睡眠模式，以避免消耗过多的电力。

2. 重启

在 Windows 10 中，重启是指完全关闭计算机并重新启动系统，这通常会清除内存并解决某些问题。如果遇到了一些问题，如软件崩溃或系统出现错误等，建议尝试重启计算机以解决问题。

要重启计算机，可以单击"开始"菜单图标→"电源"按钮→"重启"，如图 1-1-25 所示。

提示

请注意，重启计算机会关闭所有打开的应用程序和文件，所以在重启计算机之前，建议先保存所有未保存的工作。

3. 关机

关机是指完全关闭计算机并切断所有电源，这通常是在不需要继续使用计算机时完成的。

要关闭计算机，可以单击"开始"菜单图标→"电源"按钮→"关机"，如图 1-1-26 所示。

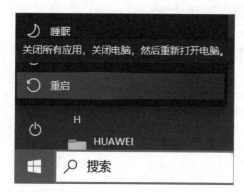

图 1-1-25　重启

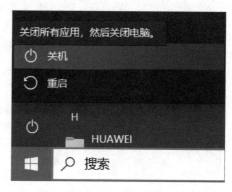

图 1-1-26　关机

提示

在某些情况下，可能需要按住计算机的电源键几秒钟才能完全关闭计算机。

三、Windows 10 窗口的操作

1. 打开和关闭窗口

（1）打开窗口

打开窗口有多种方法，包括双击桌面上的应用程序图标、在"开始"菜单中选择应用程序、使用任务栏图标等。

（2）关闭窗口

可以单击窗口右上角的"×"按钮，或者使用 Alt+F4 组合键。

2. 最大化和最小化窗口

（1）最大化窗口

在窗口右上角的三个按钮中，单击"最大化"按钮可以最大化当前窗口，或按 Windows+ 向上箭头组合键也可以最大化当前窗口，单击"还原"按钮可以还原当前窗口。

（2）最小化窗口

在窗口右上角的三个按钮中，单击"最小化"按钮可以最小化当前窗口，或者按 Windows+ 向下箭头组合键也可以最小化当前窗口。

3. 移动窗口和调整窗口的大小

（1）移动窗口

单击窗口的标题栏并拖动窗口到新位置，或在按 Alt 键的同时拖动窗口。

（2）调整窗口的大小

将鼠标光标移动到窗口边界上，直到其变成双向箭头的图标才按住鼠标左键并拖动。

4. 切换窗口

单击想要切换的窗口，或者按 Alt+Tab 组合键可以快速切换窗口。

5. 窗口分屏和多任务管理

（1）窗口分屏

首先将一个窗口拖动到屏幕的左侧或右侧，直到屏幕中央出现一条透明的分割线才释放鼠标，即可实现分屏。

（2）多任务管理

在任务栏上单击某个应用程序图标可以切换到该应用程序的窗口（如果已经打开），或者打开新的应用程序窗口。使用 Windows+Tab 组合键也可以切换打开的应用程序窗口。

6. 窗口的快速操作

（1）预览任务栏

将鼠标光标悬停在任务栏上的应用程序图标上时，桌面上会显示该应用程序的窗口预览，单击预览窗口可以快速切换到该应用程序的窗口。

（2）使用快捷菜单

右键单击任务栏上的应用程序图标可以打开快捷菜单，提供此应用程序的其他选项。

四、Windows 10 "开始" 菜单的操作

1. 固定 / 取消固定应用程序

在"开始"菜单中要固定的应用程序上单击鼠标右键，选择"固定到'开始'屏幕"（见图1-1-27）或"从'开始'屏幕取消固定"。

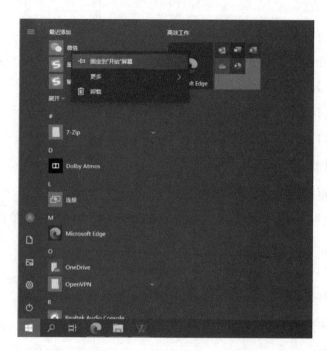

图 1-1-27　固定到"开始"屏幕

2. 调整磁贴大小

在"开始"菜单中，可以通过先右键单击磁贴，再选择"调整大小"调整磁贴的尺寸，如图1-1-28所示。

3. 移动磁贴位置

选中磁贴，通过拖动鼠标可以将磁贴移动到"开始"菜单的其他位置。

4. 命名磁贴文件夹

单击磁贴上的文件夹名称，可以给磁贴文件夹命名，如图1-1-29所示。

5. 调整"开始"菜单大小

将鼠标光标放在"开始"菜单的右上角，直到其变成双向箭头的图标才将其拖动来调整"开始"菜单的大小。

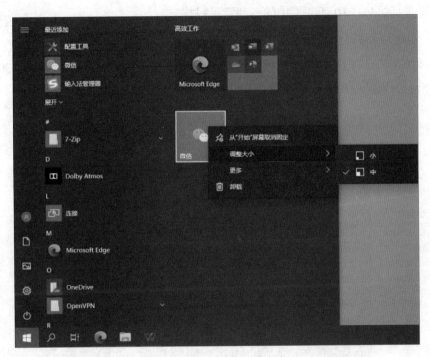

图 1-1-28　调整磁贴大小

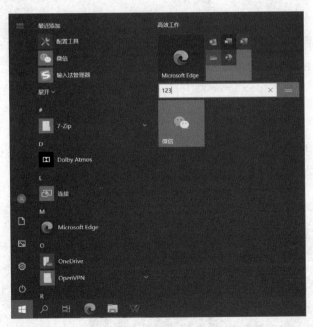

图 1-1-29　命名磁贴文件夹

五、Windows 10 任务栏的操作

以下是 Windows 10 任务栏中的一些常见操作。

1. 固定应用程序到任务栏

右键单击桌面上应用程序图标并选择"固定到任务栏（K）"（见图 1-1-30）即可在任务栏上固定该应用程序的快捷方式。

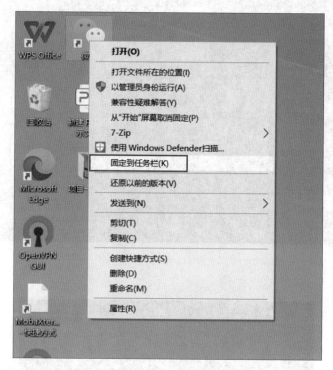

图 1-1-30　将应用程序固定到任务栏

2. 从任务栏取消固定应用程序

右键单击要取消的任务栏上的应用程序图标并选择"从任务栏取消固定"（见图 1-1-31）即可在任务栏上删除该应用程序的图标。

图 1-1-31　从任务栏取消固定应用程序

3. 更改任务栏的颜色

若要更改任务栏的颜色，则单击"开始"菜单图标→"设置"按钮→"个性化"→"颜色"，勾选"'开始'菜单、任务栏和操作中心"复选框，即可将任务栏的颜色更改为设置的主题颜色，如图 1-1-32 所示。

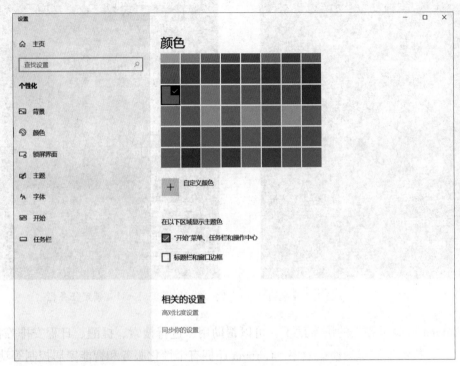

图 1-1-32 更改任务栏的颜色

4. 通过任务栏快速查看桌面

右键单击任务栏上的任意空白处，在弹出的快捷菜单中选择"显示桌面（S）"，如图 1-1-33 所示，即可快速回到桌面。

5. 锁定任务栏

右键单击任务栏上的任意空白处并选择"锁定任务栏（L）"，如图 1-1-34 所示，即可锁定任务栏。

六、Cortana 的使用

Cortana（小娜）是由微软公司开发的人工智能语音助手，它可以在 Windows 10 所示上运行，Cortana 通过语音识别和自然语言处理技术，可以理解用户的语音指令并进行相应的操作。

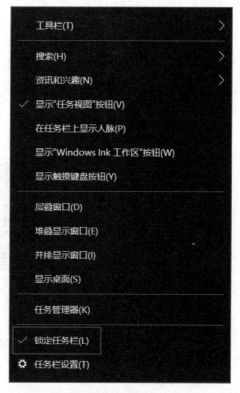

图 1-1-33　通过任务栏快速查看桌面　　　　　　图 1-1-34　锁定任务栏

Cortana 是一个强大的语音助手，可以帮助用户进行搜索、提醒、日程安排等各种操作，大大提高了用户的使用效率。Cortana 还拥有个性化服务和智能家居控制等功能，为用户提供了更多的便利。

1. 功能

Cortana 具有多种功能，用户可以通过语音指令告诉 Cortana 要进行什么操作，Cortana 会根据用户的指令提供相应的服务。

（1）语言支持

Cortana 目前支持多种语言，包括中文、英文、德语、法语、西班牙语、意大利语等。

（2）个性化服务

Cortana 可以根据用户的兴趣爱好和使用习惯提供个性化的服务，如推荐新闻、提供旅游建议等。

（3）隐私保护

Cortana 会记录用户的语音指令和搜索历史，但用户可以通过设置来控制哪些信息可以被收集和使用。

（4）智能家居控制

Cortana 可以与智能家居设备进行连接，如智能灯泡、智能音箱等，用户可以通过语音指令控制这些设备。

（5）其他功能

Cortana 还可以提供天气预报、翻译、计算等功能，帮助用户更方便地获取信息。

2. 使用 Cortana 的步骤

（1）打开 Cortana

在 Windows 10 的任务栏上找到搜索框并输入"Cortana"，或者按 Windows + C 组合键就可以打开 Cortana，如图 1-1-35 所示。

（2）设置语音助手

第一次使用 Cortana 时，需要根据提示设置语音助手，包括语言、微软账户等设置。

（3）语音搜索

在 Cortana 的搜索框中说出要搜索的内容，如"今天的天气""播放音乐"等，Cortana 就会帮助用户进行搜索并提供相应的结果。

（4）设置提醒

先在 Cortana 的搜索框中说出"提醒我"，然后说出提醒的具体内容和时间，Cortana 就会在指定的时间提醒用户。

（5）安排日程

先在 Cortana 的搜索框中说出"安排日程"，然后说出日程的具体内容和时间，Cortana 就会帮助用户创建日程并提醒用户。

（6）控制电脑

在 Cortana 的搜索框中说出"打开设置""关闭电脑""打开邮件"等指令，Cortana 就会帮助用户进行相应的操作。

（7）个性化设置

用户可以在 Cortana 的设置中进行个性化设置，包括更改提醒方式、管理日历等。

图 1-1-35　打开 Cortana

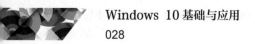

任务2 Windows 10 的安装

学习目标

1. 了解 Windows 10 的版本和新功能。
2. 了解 Windows 10 安装的基本配置需求。
3. 能实施 Windows 10 下载、安装和升级。

任务描述

　　小王同学是信息工程系学生会秘书部干事，由于工作需要，秘书部增加了一台新的计算机，小王同学发现新的计算机上没有安装操作系统，在这种情况下要想使用这台计算机，就需要先安装操作系统。现在，小王同学需要利用所学知识完成 Windows 10 的安装，并完成基本的配置。同时小王同学还需要将其他部门计算机的操作系统升级为 Windows 10，具体要求如下。

　　1. 了解 Windows 10 的版本和新功能，能根据工作需要选择合适的版本。

　　2. 能进行 Windows 10 的下载。

　　3. 能安装 Windows 10，并在安装过程中完成基本的配置操作。

　　4. 能在计算机原操作系统的基础上将其升级为 Windows 10。

相关知识

一、Windows 10 版本的介绍

　　Windows 10 是微软公司推出的一款操作系统，它有多个不同版本，每个版本都针对不同的用户群体和需求，提供不同的功能，用户可以根据自己的需求选择适合自己的 Windows 10 版本，以下是 Windows 10 不同版本的介绍。

1. Windows 10 家庭版（Windows 10 Home）

　　家庭版是最基本的 Windows 10 版本，适用于家庭用户和个人用户。它提供了所有基本功能，如 Cortana、Microsoft Edge 浏览器、Windows Hello 等。

2. Windows 10 专业版（Windows 10 Pro）

专业版除了包含家庭版的所有功能，还提供了更多的功能，如 BitLocker 加密、远程桌面连接、Hyper-V 虚拟化等，它适用于企业用户和独立专业人士。

3. Windows 10 教育版（Windows 10 Education）

教育版是专为学校和教育机构设计的 Windows 10 版本。它包含专业版的所有功能，还增加了一些适用于学校和教育机构的特殊功能，如 Windows Ink 等。

4. Windows 10 企业版（Windows 10 Enterprise）

企业版是专为企业用户设计的 Windows 10 版本。它包括专业版和教育版的所有功能，还提供更多的功能，如 Windows To Go、直接访问、应用程序虚拟化等，并提高了安全性。

5. Windows 10 企业版 LTSC（Windows 10 Enterprise LTSC）

LTSC 是长期服务分支版本，适用于需要长期稳定性和安全性的企业用户。它只提供基本的 Windows 10 功能，不包含新功能的更新服务。每个版本的支持周期为 10 年，不需要频繁地更新和升级。

6. Windows 10S

Windows 10S 是一种轻量级的 Windows 10 版本，它只能安装来自应用商店的应用程序，无法安装传统的桌面应用程序。它提供更高的安全性等性能，适用于学生、教育和企业用户。

7. Windows 10 家庭中文版单语言版（Windows 10 Home China）

家庭中文版单语言版是专为中国市场设计的 Windows 10 版本。它提供了与家庭版相同的功能，支持简体中文界面和语音助手，但无法更改语言。

二、Windows 10 的新功能

相比于之前的 Windows 版本，Windows 10 它提供了许多新功能和改进措施，使用户可以更方便地完成各种任务，并提高了多任务处理的效率和游戏性能，以下是 Windows 10 的一些新功能。

1. "开始"菜单的改进

Windows 10 采用了扁平化的设计风格，使整个"开始"菜单界面更加清晰明了，同时支持用户根据自己的喜好调整"开始"菜单的布局和颜色，使其更符合个人风格。

2. 虚拟桌面

Windows 10 支持虚拟桌面，用户可以创建多个虚拟桌面，每个桌面上可以运行不同的应用程序和任务，方便用户进行多任务处理。

3. Cortana

Cortana 是 Windows 10 内置的语音助手，可以帮助用户完成各种任务，如发送电子

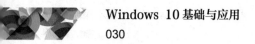
邮件、设置提醒、搜索文件和应用程序等。

4. Microsoft Edge 浏览器

Windows 10 提供了全新的浏览器 Microsoft Edge，它比 Internet Explorer 更快、更安全，还具有注释和笔记功能。

5. Windows Hello

Windows 10 添加了 Windows Hello 功能，用户可以使用面部识别、指纹识别或 PIN 码等方式进行登录，提高了用户登录的安全性和便捷性。

6. Xbox 应用程序

Windows 10 添加了 Xbox 应用程序，用户可以在计算机上玩 Xbox 游戏、与朋友聊天和查看游戏成就等。

7. DirectX 12

Windows 10 引入了全新的图形 API，称为 DirectX 12，它提供了更强的游戏性能和更好的图形质量。

8. 通知中心

Windows 10 引入了通知中心，用户可以在一个地方查看和管理所有的通知和提醒。

9. 支持触摸和数字笔输入

Windows 10 支持触摸和数字笔输入，用户可以使用手指或数字笔进行操作和书写。

10. Windows Timeline

Windows 10 添加了 Windows Timeline 功能，可以记录用户在计算机上的所有活动，方便用户查看和恢复之前的工作。

11. 多桌面功能

Windows 10 支持多个桌面，用户可以在不同的桌面上组织和切换不同的应用程序和任务。

三、基本安装配置需求

处理器：1 GHz 或更快的处理器或 SoC。

内存：1 GB（32 位）或 2 GB（64 位）。

存储空间：32 GB 或更大的存储空间。

显示分辨率：800×600 或更高的分辨率。

显卡：DirectX 9 或更高版本的 WDDM 1.0 驱动程序。

其他要求：Internet 连接、Microsoft 账户（用于某些功能）。

需要注意的是，这些配置需求只是 Windows 10 运行的最低要求，为了获得更好的性能和体验，建议使用更高配置的计算机。

任务实施

一、Windows 10 的下载

1. 打开浏览器，访问微软官网 https://www.microsoft.com/zh-cn/software-download/windows10。

2. 单击"立即下载工具"按钮，如图 1-2-1 所示，下载 Windows 10 官方安装工具，如图 1-2-2 所示。

图 1-2-1 单击"立即下载工具"按钮

3. 运行下载的工具，单击"接受（A）"按钮同意相关许可条款后等待程序运行，选中"为另一台电脑创建安装介质（U 盘、DVD 或 ISO 文件）"单选按钮，如图 1-2-3、图 1-2-4、图 1-2-5 所示。

4. 选择语言、版本和体系结构（32 位或 64 位），单击"下一步（N）"按钮，如图 1-2-6 所示。

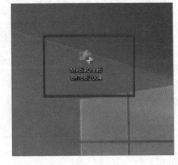

图 1-2-2 Windows 10 官方安装工具

图1-2-3　打开安装工具

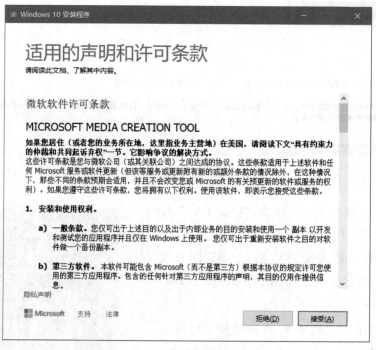

图1-2-4　单击"接受（A）"按钮

图 1-2-5　选中"为另一台电脑创建安装介质（U 盘、DVD 或 ISO 文件）"单选按钮

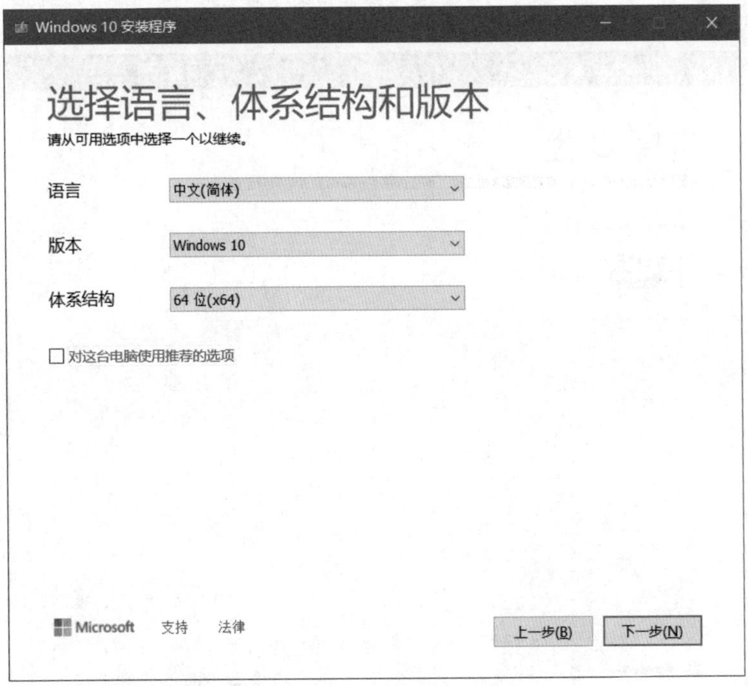

图 1-2-6　选择 Windows 10 基本配置

5. 选择要使用的介质类型（U 盘或 ISO 文件），单击"下一步（N）"按钮，如图 1-2-7 所示。选择 U 盘，如图 1-2-8 所示，单击"下一步（N）"按钮。

图 1-2-7　选择要使用的介质类型

图 1-2-8　选择 U 盘

6. 根据提示完成安装介质的制作。

7. 使用制作好的安装介质进行 Windows 10 的安装。

提示

> 下载 Windows 10 之前，需要确保计算机符合 Windows 10 的最低配置要求，并备份重要数据以防数据丢失。

二、Windows 10 的安装

1. 把制作好的安装介质插入计算机，并重启计算机。

2. 计算机启动时，在 BIOS 界面中设置让计算机从安装盘或 U 盘启动盘启动。

3. 进入"Windows 安装程序"窗口后，选择要安装的语言、时间和货币格式、键盘和输入方法，如图 1-2-9 所示，单击"下一步（N）"按钮。

4. 单击"现在安装（I）"按钮，开始安装 Windows 10，如图 1-2-10 所示。

5. 在安装过程中，需要输入 Windows 10 的产品密钥，如图 1-2-11 所示。除了输入产品密钥，还要选择操作系统的安装版本，如图 1-2-12 所示。

6. 阅读并接受许可条款，如图 1-2-13 所示。

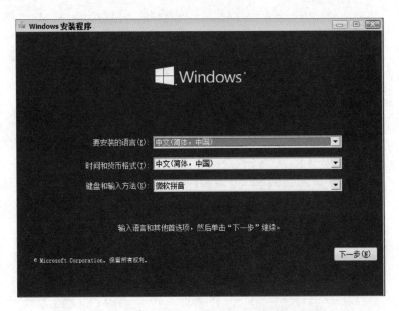

图 1-2-9 "Windows 安装程序"窗口（截图来自虚拟机）

图 1-2-10　单击"现在安装（Ⅰ）"按钮（截图来自虚拟机）

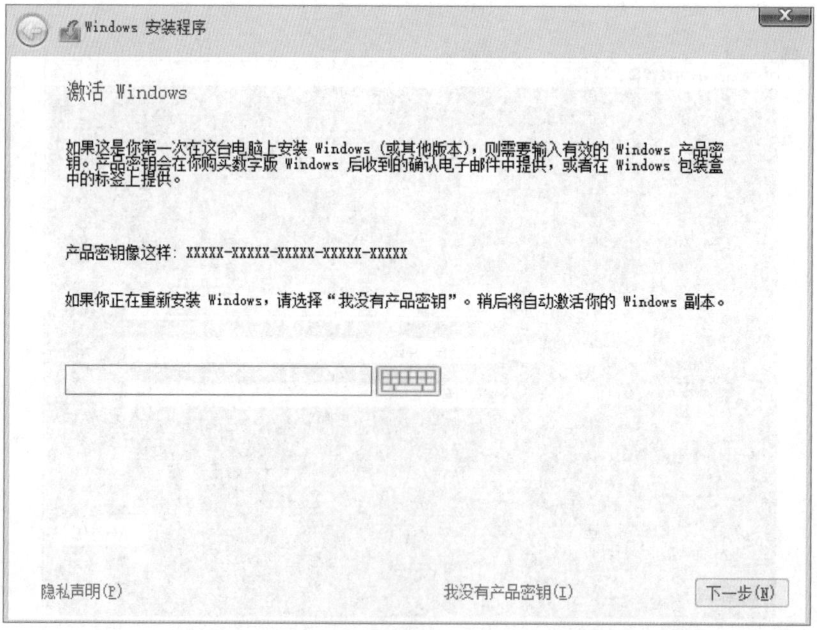

图 1-2-11　输入产品密钥（截图来自虚拟机）

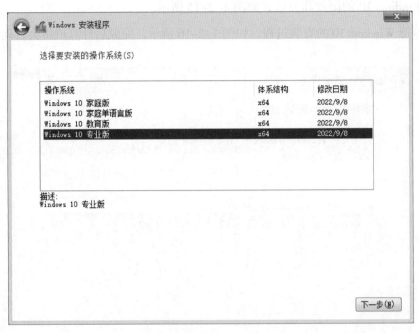

图 1-2-12　选择操作系统的安装版本（截图来自虚拟机）

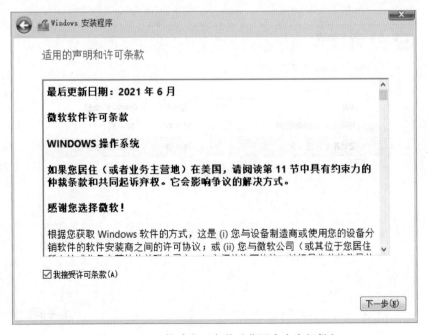

图 1-2-13　接受许可条款（截图来自虚拟机）

7. 首先选择"自定义：仅安装 Windows（高级）（C）"，如图 1-2-14 所示，然后选择安装 Windows 10 的硬盘和分区，如图 1-2-15 所示。

8. 等待 Windows 10 的安装过程，如图 1-2-16 所示，完成后计算机将会自动重启。

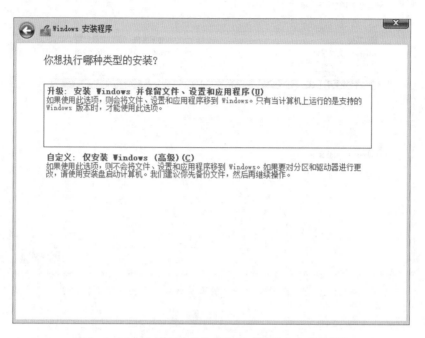

图 1-2-14 选择安装的执行类型（截图来自虚拟机）

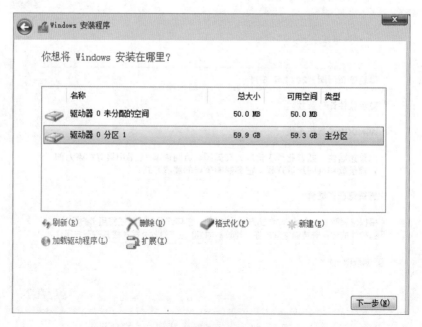

图 1-2-15 选择硬盘和分区（截图来自虚拟机）

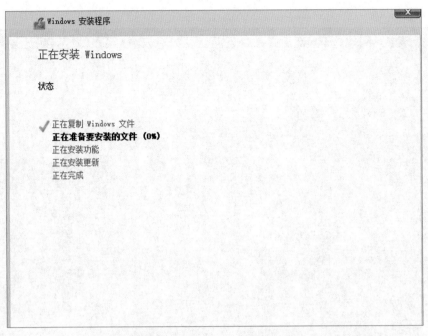

图 1-2-16　等待 Windows 10 的安装过程界面（截图来自虚拟机）

9. 在重启后，需要设置基本的个人偏好，如区域、键盘布局和网络等，如图 1-2-17 至图 1-2-21 所示。

图 1-2-17　选择区域（截图来自虚拟机）

图 1-2-18　选择键盘布局（截图来自虚拟机）

图 1-2-19　添加键盘布局（截图来自虚拟机）

图 1-2-20　连接网络（截图来自虚拟机）

图 1-2-21　网络连接提醒（截图来自虚拟机）

10. 设置用户名及密码，如图 1-2-22、图 1-2-23 所示，单击"下一页"按钮。

图 1-2-22　设置用户名（截图来自虚拟机）

图 1-2-23　设置密码（截图来自虚拟机）

11. 根据提示完成 Windows 10 的设置，安装成功界面如图 1-2-24 所示。

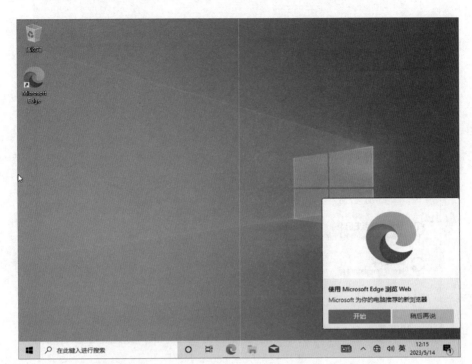

图 1-2-24　Windows 10 安装成功界面（截图来自虚拟机）

三、Windows 10 的升级

1. 确认计算机符合 Windows 10 的最低配置要求。

2. 单击"开始"菜单图标→"设置"按钮→"更新和安全"，弹出的窗口如图 1-2-25 所示。

3. 单击"检查更新"按钮，系统将会自动检查是否有可用的更新。

4. 如果有可用的更新，系统将会开始下载并安装更新，如图 1-2-26 所示。

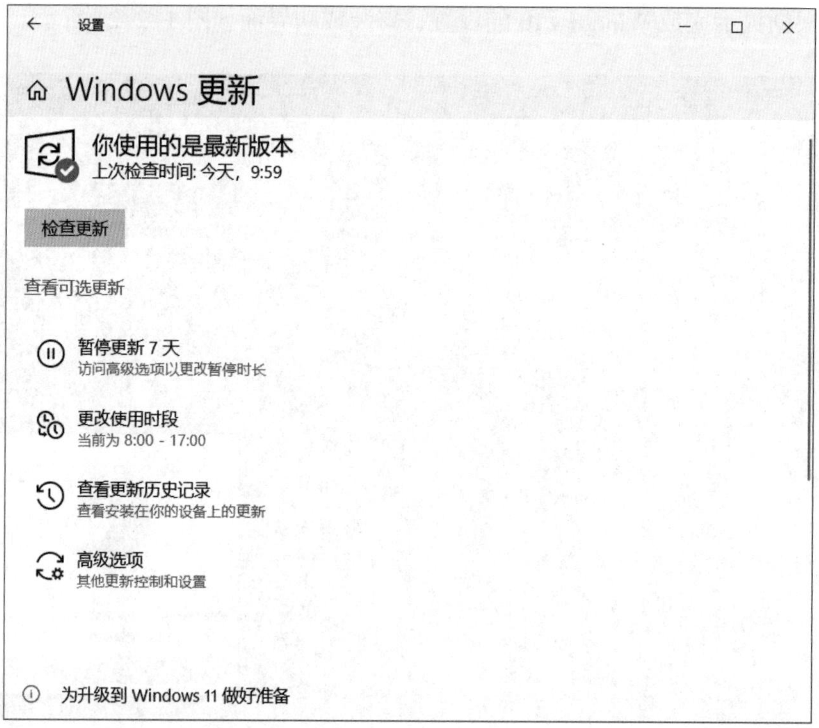

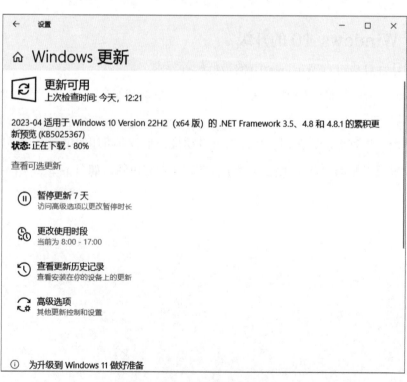

图 1-2-25　Windows 更新

图 1-2-26　更新 Windows 10

提示

在升级过程中，应该注意保持网络连接和电源连接的稳定，避免出现意外情况。

项目二
Windows 10 工作环境的配置

进入 Windows 10 后，让用户感觉最亲近的就是 Windows 的工作环境了，每个用户在使用 Windows 10 的时候都想体现自己与众不同的个性魅力，对工作环境的个性化设置尤为重要。在 Windows 10 中，用户可以根据需求设置符合个人操作习惯和爱好的系统环境，从而产生个性化的工作环境。

任务 1　桌面的个性化设置

1. 了解 Windows 10 桌面的相关概念与个性化设置方法。
2. 能对 Windows 10 进行桌面个性化设置。

小王同学是信息工程系学生会秘书部干事，由于工作需要，他经常需要对计算机桌面进行相关设置，同时为了方便使用，还需要更改桌面背景和颜色、主题，以及设置界面锁屏等，具体要求如下。

1. 打开计算机，设置计算机的桌面背景为海洋样式图片，并将桌面颜色设置为蓝色，随后恢复设置前的桌面背景和颜色。

2. 打开计算机，进入锁屏界面，预览当前默认锁屏界面的样式。

3. 将锁屏界面背景设置为大自然风光图片，并将"在锁屏界面上从 Windows 和 Cortana 获取花絮、提示等"按钮打开，将"在登录屏幕上显示锁屏界面背景图片"按钮打开。

4. 将桌面的主题设置为"Windows 10（5 个图像）"主题。

一、桌面的相关概念

1. 桌面

桌面（desktop）是指用户打开计算机并成功登录系统之后看到的显示器主屏幕区域，是计算机用语。就像实际的桌面一样，它是用户工作的平面。用户打开程序或文件夹时，它们便会出现在桌面上。用户还可以将一些项目（如文件和文件夹）放在桌面上并随意排列它们。桌面文件一般存放在 C 盘中用户名文件夹下的"桌面"文件夹内。

2. 桌面背景和颜色

桌面背景是指 Windows 10 桌面背景图像，也被称为墙纸，用户可以根据需要设置桌面的背景图像。桌面颜色是指 Windows 10 桌面的色彩，用户可以根据需求设置桌面的颜色。

3. 桌面主题

桌面主题是 Windows 自带的一种背景展示功能，更改主题可以对桌面样式进行更改，方便用户获得更好的体验，如图 2-1-1 所示。

二、其他概念

1. 锁屏界面

锁屏界面是指 Windows 10 桌面被锁定后显示的界面，可以保护该系统的数据安全和隐私。

2. 命令提示符

命令提示符是 Windows 10 中的一种文本用户界面程序，用户可以在命令提示符中输入命令并执行各种系统管理和配置任务。

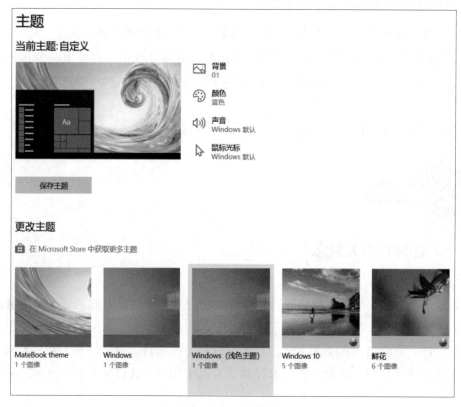

图 2-1-1　更改主题

3. 注册表

注册表是 Windows 10 中存储系统配置信息的一个区域，这些信息可以用于控制计算机上的软件和硬件。

4. 控制面板

控制面板是 Windows 10 中的一个程序，它提供了各种系统设置和管理工具，包括网络和 Internet 设置、系统和安全设置、用户账户设置等。

一、桌面背景的设置

桌面背景设置是指根据用户需求，改变桌面的背景图像。

现在，拟将桌面背景设置为海洋样式图片，具体操作如下。

1. 在桌面上单击鼠标右键，在弹出的快捷菜单中选择"个性化（R）"。

2. 单击"背景"，在"背景"中选择"图片"，在"选择图片"中选择海洋样式图片，如图 2-1-2 所示。确认在"选择契合度"中选择的是"填充"，如图 2-1-3 所示。

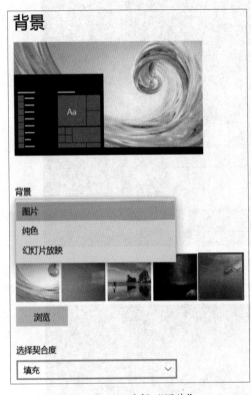

图 2-1-2　选择"图片"

图 2-1-3　选择契合度

二、桌面颜色的设置

桌面颜色设置主要是指对于"开始"菜单、任务栏等颜色的设置。

下面将桌面颜色设置为蓝色，其中"开始"菜单、任务栏等也分别显示为蓝色，具体操作如下。

1. 单击鼠标右键，在弹出的快捷菜单中选择"个性化（R）"，单击"颜色"。

2. 在"选择颜色"中选择"深色"，在"Windows 颜色"中选择"蓝色"，如图 2-1-4 所示。

3. 勾选"'开始'菜单、任务栏和操作中心"和"标题栏和窗口边框"复选框，如图 2-1-5 所示，这时"开始"菜单、任务栏等就会变成蓝色。

4. 恢复设置前的桌面背景和颜色。

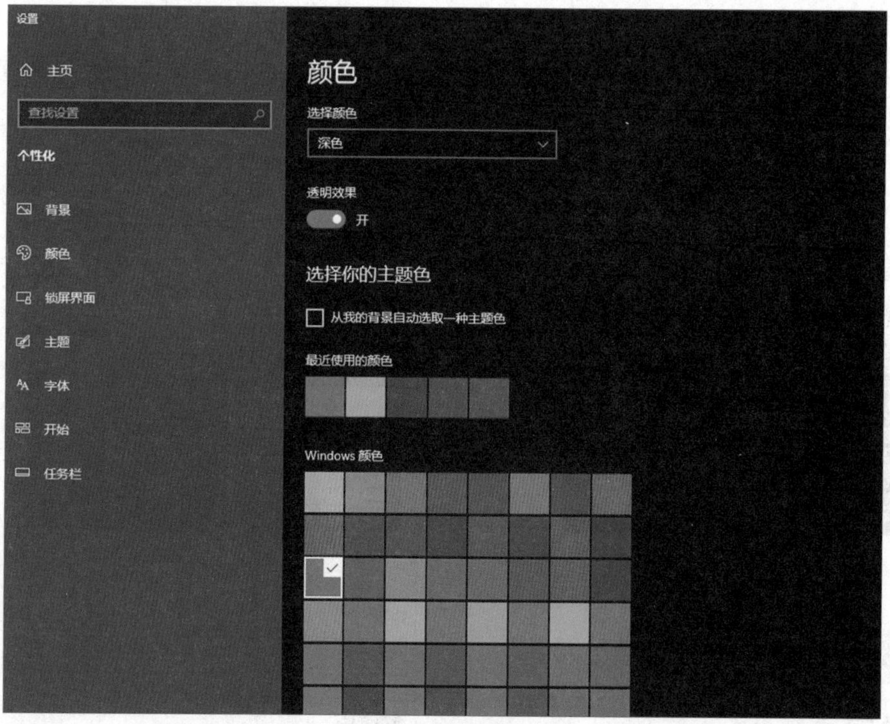

图 2-1-4　选择颜色

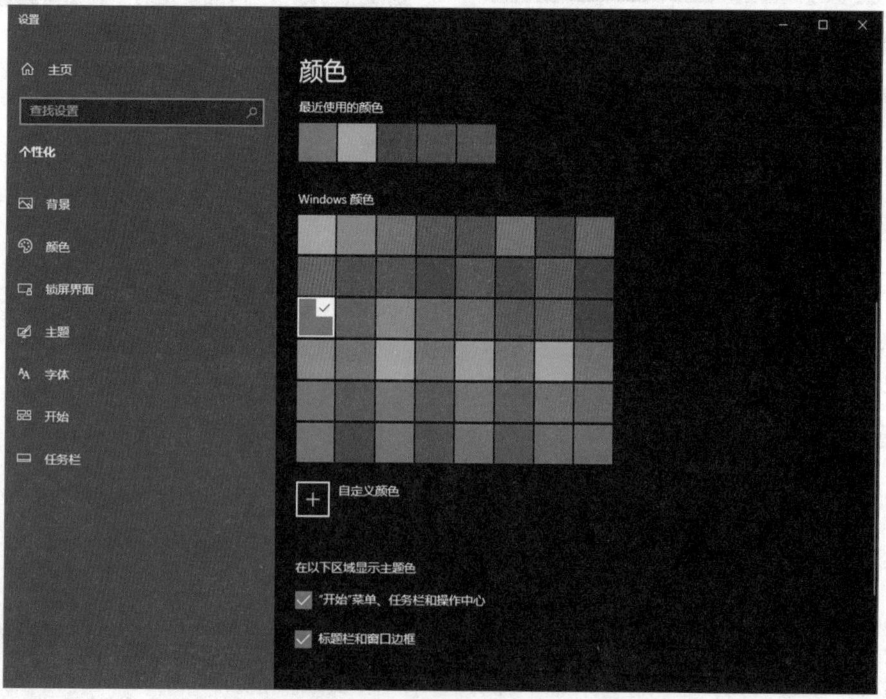

图 2-1-5　选择显示主题色的区域

提示

> 若在"选择颜色"中选择"浅色",则不能修改"开始"菜单、任务栏和操作中心的主题色。

三、锁屏界面的设置

现在,拟将锁屏界面设置为大自然风光图片,并将相关按钮打开,具体操作如下。

1. 在桌面上单击鼠标右键,在弹出的快捷菜单中选择"个性化(R)"。

2. 单击"锁屏界面",在打开的窗口中可以预览当前锁屏界面的样式。

3. 在"背景"中选择"图片",在"选择图片"中选择大自然风光图片,如图 2-1-6 所示。

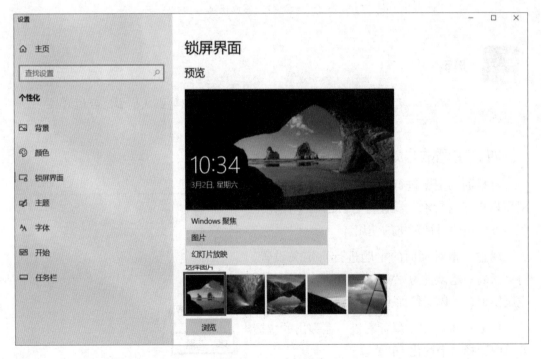

图 2-1-6 选择图片

4. 将"在锁屏界面上从 Windows 和 Cortana 获取花絮、提示等"按钮和"在登录屏幕上显示锁屏界面背景图片"按钮打开,如图 2-1-7 所示。

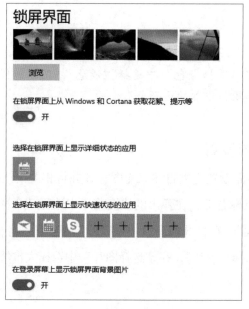

图 2-1-7　打开相应按钮

提示

打开个性化设置界面较为便捷的方法是在单击鼠标右键后按 R 键。

四、主题的自定义

对桌面的主题进行个性化设置时，可以根据用户喜好与需求，设置符合自己的个性化主题，方便用户对计算机的使用。

现在，拟对桌面的主题进行自定义设置，将桌面的主题设置为"Windows 10（5 个图像）"主题模板，具体操作如下。

1. 在桌面上单击鼠标右键，在弹出的快捷菜单中选择"个性化（R）"。

2. 单击"主题"，如图 2-1-8 所示。

3. 在"更改主题"中选择"Windows 10（5 个图像）"主题。将"颜色"设置为"自动"，将"声音"设置为"Windows 默认"，将"鼠标光标"设置为"Windows 默认"，如图 2-1-9 所示。

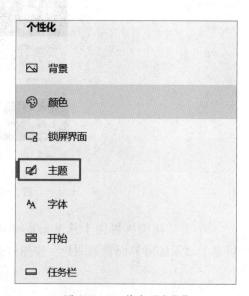

图 2-1-8　单击"主题"

图 2-1-9　设置主题

任务 2　用户账户的配置和管理

1. 了解 Windows 10 的用户账户知识。
2. 能对 Windows 10 的用户账户进行配置和管理。

　　小王同学是信息工程系学生会秘书部干事，主要负责学生档案管理、资料录入等日常信息管理工作。由于工作需要，他经常在计算机中管理不同人员的用户账户，需

要进行新建用户账户、删除用户账户、切换用户账户等操作，具体要求如下。

1. 创建本地账户，用户名为"student"、密码为"12345678"。

2. 使用已有电子邮箱和通过微软创建电子邮箱来创建 Microsoft 账户。

3. 关联已有的 Microsoft 账户。

4. 切换至"Administrator"账户。

5. 对将离开学生会成员的账户进行注销，更改"huawei"账户头像，更改密码为"zh123456@"。

6. 由本地账户切换至 Microsoft 账户，由 Microsoft 账户切换至本地账户。

7. 删除"share"账户。

一、Windows 用户账户的概念

计算机用户账户是指由将用户定义到某一系统的所有信息组成的记录，用户账户为用户或计算机提供安全凭证，包括用户名和用户登录所需要的密码，以及用户使用以便用户和计算机能够登录到网络并访问域资源的权利和权限。

用户账户代表用户在操作系统中的身份，用户在启动计算机并登录操作系统时，必须使用有效的用户账户才能进入操作系统。用户账户用于记录用户的用户名和密码、隶属的组、可以访问的网络资源，以及用户的个人文件和设置。通过用户账户，多人可以同用一台计算机，每个用户都可以有一个各自的设置（如桌面背景、锁屏界面等）。用户账户还可以帮助控制每个用户能够访问哪些文件和应用，以及能对计算机进行哪些更改操作等。

二、Windows 10 用户账户的类型

在 Windows 10 中可以创建两种类型的用户账户。

1. 本地账户

本地账户是仅与特定计算机相关联的账户，配置信息只保存在本机，在重装系统、删除本地账户时本地账户所有的相关信息都会被删除（除非提前备份）。

2. Microsoft 账户

Microsoft 账户也称微软账户，是指通过 Microsoft 官网或其他支持 Microsoft 账户登录的服务进行登录的网络用户。当使用 Microsoft 账户登录计算机时，用户可以享

受到真正的个性化体验，所有在当前计算机上进行的个性化和自定义设置将随着用户一起漫游到其他计算机上，而本地账户的个性化设置则无法在计算机之间进行同步，所以建议使用 Microsoft 账户登录计算机。

一、用户账户的创建

1. 创建本地账户

多人共用一台计算机时，需要创建各自的本地账户，方便个性化设置。

下面创建 "student" 本地账户，密码为 "12345678"，具体操作如下。

（1）单击桌面左下角的 "开始" 菜单图标→ "设置" 按钮→ "账户"，如图 2-2-1 所示。

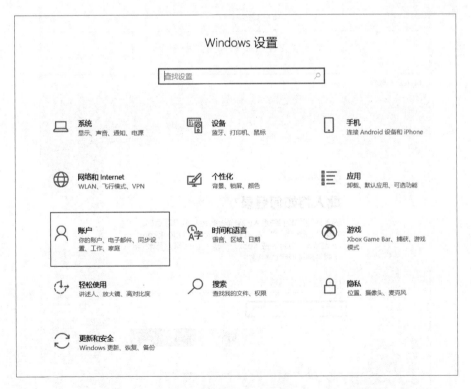

图 2-2-1　单击 "账户"

（2）选择 "家庭和其他用户" → "将其他人添加到这台电脑"，如图 2-2-2 所示。

（3）选择 "我没有这个人的登录信息" → "下一步" 按钮，如图 2-2-3 所示。

图 2-2-2 添加用户账户

图 2-2-3 新建用户账户（一）

（4）单击"同意并继续"按钮，如图 2-2-4 所示。

（5）单击"添加一个没有 Microsoft 账户的用户"→"下一步"按钮，新建本地账户，如图 2-2-5 所示。

图 2-2-4　新建用户账户（二）

图 2-2-5　新建本地账户

（6）如图 2-2-6 所示，填写用户名"student"、密码"12345678"及再次确认密码后单击"下一步"按钮，完成本地账户的创建。

（7）单击刚刚创建好的本地账户，可以进行更改账户类型和删除操作，如图 2-2-7、图 2-2-8 所示。

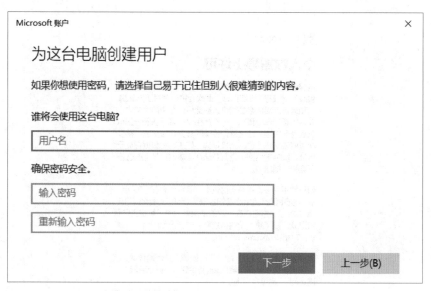

图 2-2-6　完善新用户账户信息

图 2-2-7　已创建的本地账户

图 2-2-8　"更改账户类型"和"删除"按钮

（8）单击"更改账户类型"按钮可更改该账户的类型，如图 2-2-9 所示。

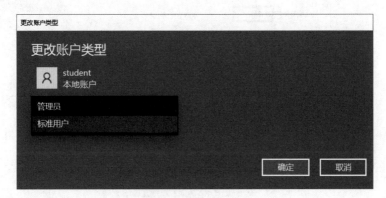

图 2-2-9　更改账户类型

2. 创建 Microsoft 账户

（1）单击桌面左下角的"开始"菜单图标→"设置"按钮→"账户"。

（2）在"电子邮件和账户"中单击"添加 Microsoft 账户"，如图 2-2-10 所示。

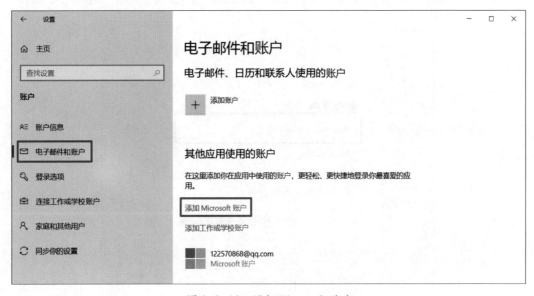

图 2-2-10　添加 Microsoft 账户

（3）若已有 Microsoft 账户，则输入电子邮箱，单击"下一步"按钮，输入密码，再单击"登录"按钮即可；若没有 Microsoft 账户，则单击"创建一个!"，如图 2-2-11 所示。

图 2-2-11　创建 Microsoft 账户

（4）单击"同意并继续"按钮。

（5）下面有两种途径创建 Microsoft 账户。

一是，使用已有的电子邮箱创建 Microsoft 账户。

1）单击输入电子邮箱的区域，如图 2-2-12 所示，输入邮箱后单击"下一步"按钮。

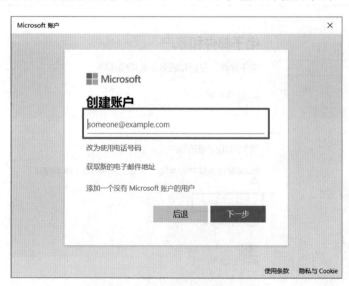

图 2-2-12　输入电子邮箱的区域

2）单击创建密码的区域，如图 2-2-13 所示，输入密码后单击"下一步"按钮。

图 2-2-13　创建密码的区域

3）按照提示完善 Microsoft 账户信息，如图 2-2-14、图 2-2-15 所示。

图 2-2-14　完善 Microsoft 账户信息

图 2-2-15　继续完善 Microsoft 账户信息

4）单击输入代码的区域，如图 2-2-16 所示，填入电子邮箱收到的验证码，并单击"下一步"按钮完成账户的创建。

图 2-2-16　输入代码的区域

二是，通过微软创建电子邮箱来创建 Microsoft 账户。

1）单击"获取新的电子邮件地址"创建账户，如图 2-2-17 所示。

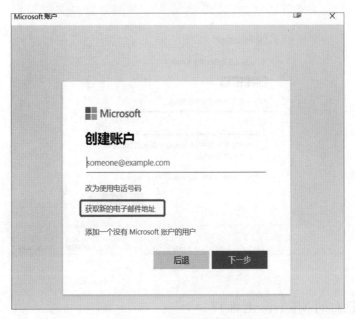

图 2-2-17　获取新的电子邮件地址

2）填入新的电子邮件地址，如图 2-2-18 所示，单击"下一步"按钮。

图 2-2-18　填入新的电子邮件地址

3）设置登录密码并完善信息，以完成 Microsoft 账户的创建，如图 2-2-19 所示。

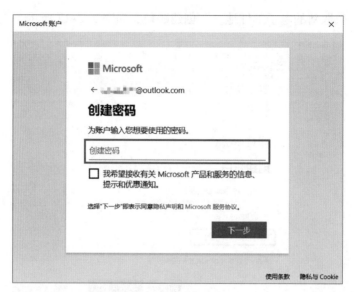

图 2-2-19　设置登录密码

3. 关联已有的 Microsoft 账户

（1）单击桌面左下角的"开始"菜单图标→"设置"按钮→"账户"。

（2）单击"家庭和其他用户"→"将其他人添加到这台电脑"。

（3）填入 Microsoft 账户，单击"下一步"按钮，关联已有账户，如图 2-2-20 所示。

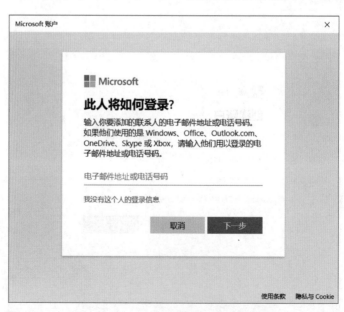

图 2-2-20　关联已有的 Microsoft 账户

二、用户账户的切换

切换用户账户是指当公用计算机登录其他用户账户时，需要切换至自己账户的操作，下面将用户账户切换至"Administrator"，具体操作如下。

1. 按 Ctrl+Alt+Delete 组合键进入安全选项界面，如图 2-2-21 所示。

2. 单击"切换用户"，选择用户账户（见图 2-2-22）并输入密码，按 Enter 键完成用户账户的切换。

图 2-2-21　安全选项界面

图 2-2-22　选择用户账户

三、用户账户的注销

在 Windows 10 中，注销用户账户的操作可以通过多种方法来完成，以下是两种常用的方法。

1. 使用"开始"菜单

（1）单击桌面左下角的"开始"菜单图标，打开"开始"菜单。

（2）在"开始"菜单中，找到并单击当前登录用户的头像或名称。

（3）在弹出的菜单中选择"注销"，如图 2-2-23 所示。

（4）系统会提示确认注销操作，单击"是"按钮即可完成注销。

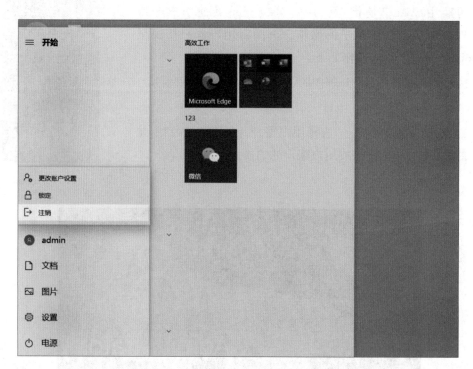

图 2-2-23 选择"注销"

2. 使用组合键

（1）按 Alt+F4 组合键，打开"关闭 Windows"对话框。

（2）在下拉列表中选择"注销"，如图 2-2-24 所示。

（3）单击"确定"按钮即可完成注销操作。

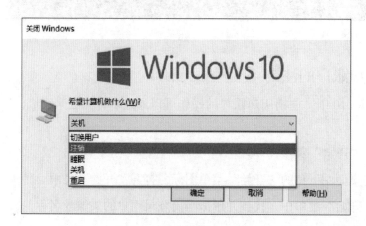

图 2-2-24 选择"注销"

提示

在 Windows 10 中，无论使用哪种方法，注销用户账户后，当前登录的用户账户将被注销，需要返回到登录界面并重新登录才能使用计算机。注意应在注销前保存所有重要的工作和文件，以免丢失数据。

四、用户账户的管理

1. 更改用户账户和密码

为了方便管理该系统所有用户账户，用户可登录管理员账户进行操作。

（1）在"控制面板"窗口中单击"用户账户"，再次单击"用户账户"，进入当前登录用户账户的信息界面，如图 2-2-25 至图 2-2-27 所示。

（2）单击"管理其他账户"可查看本系统所有的用户账户，如图 2-2-28 所示。

（3）选择账户，进入用户账户详情信息界面，在此界面可更改账户名称和密码，如图 2-2-29 所示。

（4）单击"更改密码"，在图 2-2-30 所示的界面中输入新密码，单击"更改密码"按钮。

图 2-2-25　"控制面板"窗口

图 2-2-26　单击"用户账户"

图 2-2-27　当前登录用户账户的信息界面

图 2-2-28　查看本系统所有的用户账户

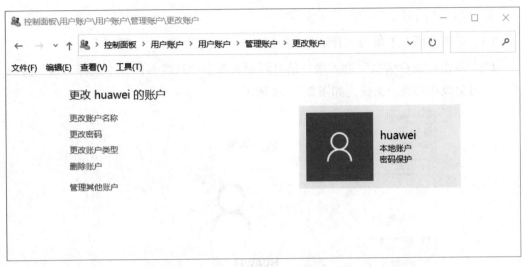

图 2-2-29 用户账户详情信息界面

图 2-2-30 更改密码

提示

　　在 Windows 10 中，通过单击"开始"菜单图标→"设置"按钮→"账户"→"家庭和其他用户"也可查看系统存储的所有用户账户信息。当删除用户账户时，需确保该账户已注销；若未注销，系统会提示无法删除，需注销账户或重启系统后方可删除该账户。

2. 更改当前登录用户账户的头像

（1）单击桌面左下角的"开始"菜单图标→"设置"按钮→"账户"。

（2）单击"账户信息"进入账户信息界面，单击"从现有图片中选择"或"摄像头"即可更改用户账户头像，如图 2-2-31 所示。

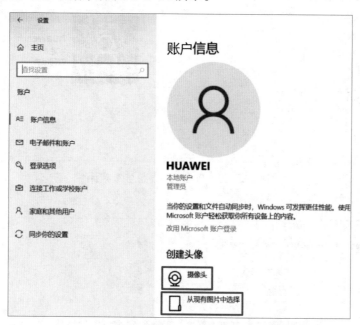

图 2-2-31　账户信息界面

3. 由本地账户切换至 Microsoft 账户

（1）单击桌面左下角的"开始"菜单图标→"设置"按钮→"账户"，再单击"改用 Microsoft 账户登录"，如图 2-2-32 所示。

图 2-2-32　单击"改用 Microsoft 账户登录"

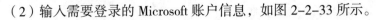

（2）输入需要登录的 Microsoft 账户信息，如图 2-2-33 所示。

图 2-2-33　输入 Microsoft 账户信息

（3）验证当前本地账户的登录密码，如图 2-2-34 所示。

图 2-2-34　验证当前本地账户的登录密码

4. 由 Microsoft 账户切换至本地账户

（1）单击桌面左下角的"开始"菜单图标→"设置"按钮→"账户"，再单击"改用本地账户登录"，如图 2-2-35 所示。

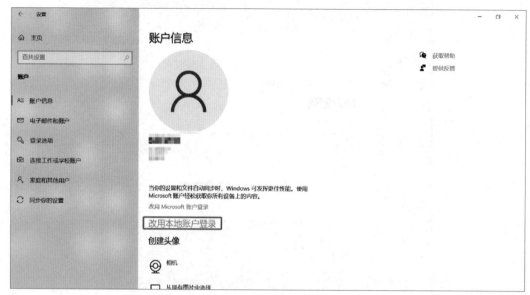

图 2-2-35　单击"改用本地账户登录"

（2）在图 2-2-36 所示界面中验证 Microsoft 账户密码，并单击"下一步"按钮。

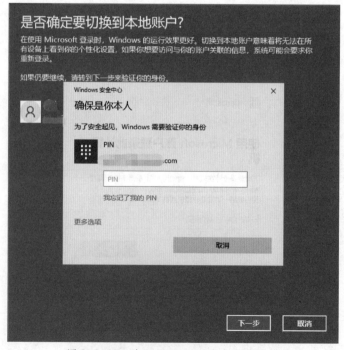

图 2-2-36　验证 Microsoft 账户密码界面

（3）在图 2-2-37 所示界面中填写需要切换的本地账户信息，单击"下一步"按钮。

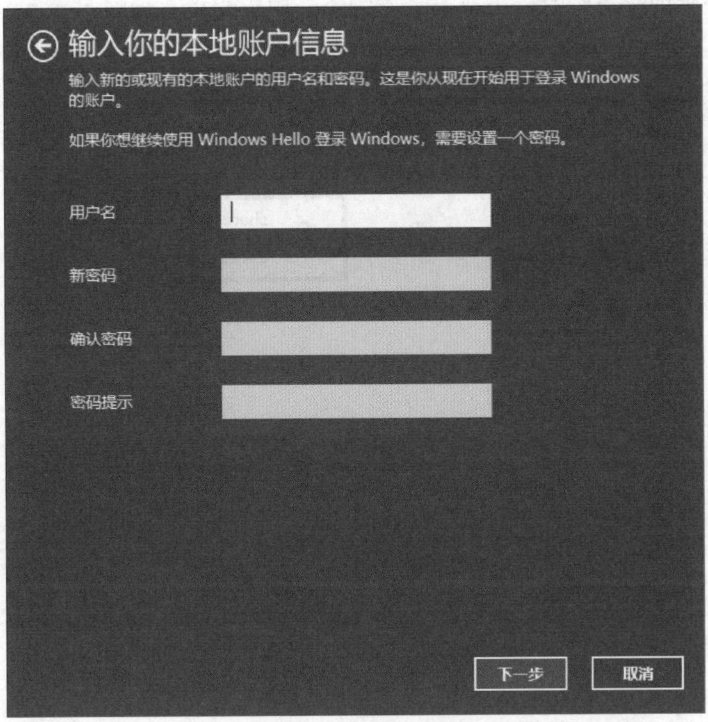

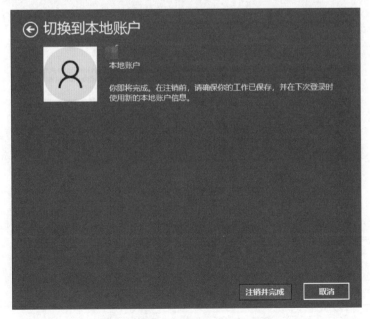

图 2-2-37　填写本地账户信息界面

（4）在图 2-2-38 所示界面中单击"注销并完成"按钮完成本地账户的切换。

图 2-2-38　切换到本地账户界面

5. 删除用户账户

（1）在"管理账户"窗口中单击需要删除的用户账户，如图2-2-39所示。

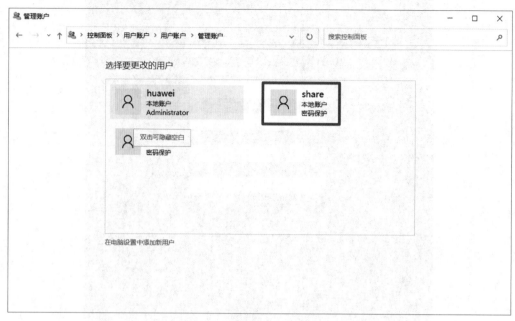

图 2-2-39 单击需要删除的用户账户

（2）在弹出的窗口中单击"删除账户"，在图2-2-40所示的界面中根据需要单击"删除文件"或"保留文件"按钮，完成账户的删除。

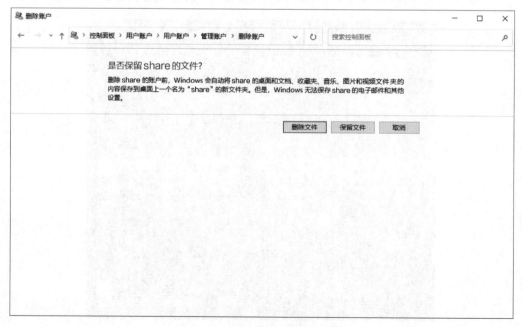

图 2-2-40 删除或保留账户文件

任务3　输入法的设置

学习目标

1. 了解汉字输入法的分类。
2. 了解拼音输入法的输入方式。
3. 能添加、删除和设置输入法。
4. 能使用搜狗拼音输入法输入汉字。

任务描述

信息工程系承接一项机房考试工作，为了满足大部分同学的输入法使用习惯，要求在机房计算机中安装多种输入法。系里将此次任务安排给学生会完成，小王同学（秘书部干事）平时精通计算机操作，主动带领大家进行输入法的设置，具体要求如下。

1. 添加考试要求的微软五笔输入法，并删除微软拼音输入法。

2. 进行字体的个性化设置。

3. 使用搜狗拼音输入法输入汉字。

4. 使用语音识别功能输入汉字。

相关知识

一、汉字输入法的分类

汉字输入法有拼音输入法、音形结合码输入法和形码输入法等。

1. 拼音输入法

拼音输入法是按照拼音规定来输入汉字的，不需要特殊记忆，符合人们的思维习惯，只要会拼音就可以输入汉字。

2. 音形结合码输入法

音形结合码是将汉字输入计算机的编码类型之一，是兼用音码和形码的方法组成的编码。

3. 形码输入法

形码输入法是依据汉字字形如笔画或汉字部件进行编码的方法，最简单的形码输入法是五笔输入法。

二、拼音输入法的输入方式

常用的拼音输入法有两种输入方式，一种为拼音九键，一种为拼音全键。

1. 拼音九键

拼音九键的输入界面中部有 26 个大写英文字母，分配在 8 个键中，键的上方显示有几个汉字，即将输入的汉字就会显示在这个位置，如图 2-3-1 所示。拼音九键的按键设计得相对比较大，使得用户在单手操作时能够更轻松地触摸到目标按键，减少误触的可能性，从而提高输入的准确性和效率。

2. 拼音全键

拼音全键的 26 个英文字母分配在 26 个键上，如图 2-3-2 所示，相比于拼音九键，拼音全键的输入准确度更高，适合双手操作。

图 2-3-1　拼音九键的输入界面

图 2-3-2　拼音全键的输入界面

三、汉字输入法的状态条

一般情况下，不管在计算机中使用什么输入法输入汉字，状态条都会显示出来，如图 2-3-3 所示。

状态条上有多个图标，它们分别是：

1. 中 中英文状态转换。单击此图标即可进行中英文状态转换，默认为中文状态。

2. °, 中英文标点符号转换。单击此图标即可进行中英文标点符号转换，默认为中文标点符号状态。

3. ☺ 表情。

4. 🎤 语音。

图 2-3-3　状态条

5. ▦输入方式。输入方式分为语音输入、手写输入、特殊符号输入以及软键盘输入，单击此图标可进行输入方式的转换。

6. 👕皮肤盒子。

7. ▦工具箱。

一、**输入法的添加和删除**

添加和删除输入法的具体操作如下。

1. 单击"开始"菜单图标→"设置"按钮→"时间和语言"，如图 2-3-4 所示。

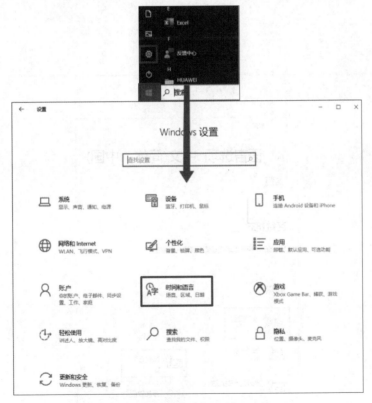

图 2-3-4　单击"时间和语言"

2. 单击"语言"→"中文（简体，中国）"，如图 2-3-5 所示。

3. 单击"添加键盘"，选择并单击需要添加的输入法，如图 2-3-6 所示，即可成功添加新的输入法。

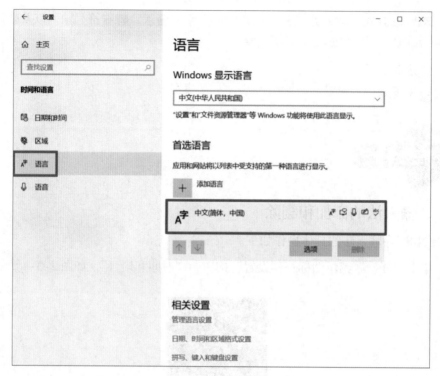

图 2-3-5　选择语言

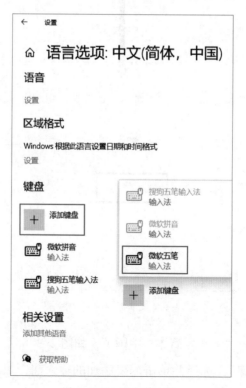

图 2-3-6　添加输入法

　　4. 如果需要删除输入法，则直接单击选中该输入法，单击"删除"按钮即可，如图 2-3-7 所示。

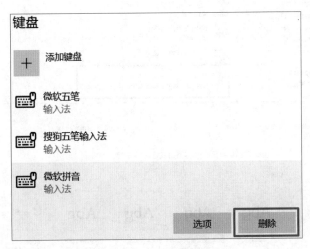

图 2-3-7　删除输入法

二、字体的个性化设置

设置字体个性化的具体操作如下。

1. 打开"控制面板"窗口，单击"外观和个性化"，如图 2-3-8 所示。

2. 单击"字体"进行字体的设置，如图 2-3-9 所示。

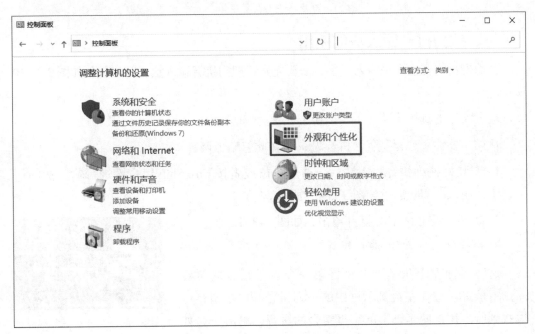

图 2-3-8　单击"外观和个性化"

图 2-3-9　设置字体

三、搜狗拼音输入法的使用

使用搜狗拼音输入法输入汉字，需要先安装搜狗拼音输入法，其安装包如图 2-3-10 所示。

输入汉字的具体步骤如下（以拼音九键为例）。

例如，要输入"翱"字，拼音为 ao（在此忽略声调）。

1. 安装好搜狗拼音输入法后，通过单击或者按 Ctrl+Shift 组合键进行输入法的切换，中文输入时的状态条如图 2-3-11 所示。

2. 找到 a 所在的 ABC 键并单击，如图 2-3-12 所示。

3. 再找到 O 所在的 MNO 键并单击。

这时界面左上角是这两个键第一个字母组成的拼音 an，不是 ao。按住左边显示框中的一列拼音并向上滑，可以找到所有用这两个键上的字母组合的拼音，单击 ao，如图 2-3-13 所示。

图 2-3-10　搜狗拼音输入法
安装包

4. 在新界面上方的显示框中没有"翱"。想要找到"翱"，就要把没有显示出来的字显示出来。单击界面右上角的箭头，如图 2-3-14 所示。

5. 在弹出的界面中，仍然没有"翱"。可以单击界面下方两个箭头上下翻页，如图 2-3-15 所示，也可以按住空白位置上下滑动。

6. 用上述方法翻到第二页，找到"翱"并单击，如图 2-3-16 所示。

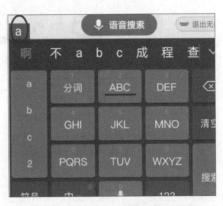

图 2-3-12　单击 ABC 键

图 2-3-11　中文输入时的状态条

图 2-3-13　组成的拼音界面

图 2-3-14　单击界面右上角的箭头

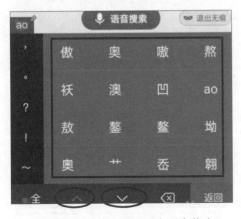

图 2-3-15　单击界面下方两个箭头

图 2-3-16　单击"翱"

四、语音识别功能的使用

1. 选择一种支持语音识别功能的输入法（以搜狗拼音输入法为例）。

2. 单击其状态条上的"语音"图标，如图 2-3-17 所示。

图 2-3-17　单击"语音"图标

3. 通过语音说"你好"，即可完成"你好"二字的输入，如图 2-3-18 所示。

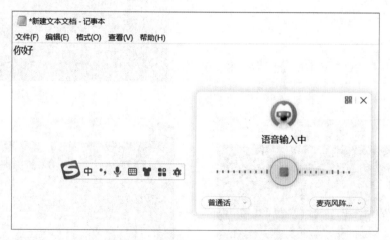

图 2-3-18　"你好"语音识别输入

项目三
Windows 10 计算机资源的管理

　　操作系统是计算机软件系统的重要组成部分，是软件的核心。一方面，它是计算机硬件功能面向用户的首次扩充，是用户与计算机硬件的接口，它把硬件资源的潜在功能用一系列命令的形式公布于众，从而使用户可通过操作系统提供的命令直接使用计算机。另一方面，它又是其他软件的开发基础，即其他系统软件和用户软件都必须通过操作系统才能合理组织计算机的工作流程，调用计算机系统资源为用户服务。

　　计算机操作或处理的对象是数据，而数据是以文件的形式存储在计算机的磁盘上的。文件是数据的最小组织单位，而文件夹是存放文件的组织实体。文件和文件夹是 Windows 10 的重要组成部分，在 Windows 10 中，用户可以轻松地管理文件和文件夹。管理和使用文件和文件夹，要从文件和文件夹的概念开始学习。

任务 1　文件和文件夹资源的管理

学习目标

1. 了解 Windows 10 中文件和文件夹管理的相关知识。
2. 能对 Windows 10 中的文件和文件夹进行管理。

小王同学是信息工程系学生会秘书部干事，由于工作需要，他经常会在计算机中存放工作文件，同时为了方便使用，还需要对相关的文件进行新建、移动、复制、重命名、删除、搜索和设置文件属性等操作，具体要求如下。

1. 在 D 盘中新建一个名为"学生个人资料"的文件夹，再在此文件夹中创建一个名为"基本资料 .docx"的文件。

2. 将 D 盘中"学生个人资料"文件夹中名为"基本资料 .docx"的文件移动到 D 盘中，再将 D 盘中"基本资料 .docx"文件复制到"学生个人资料"文件夹中并修改其文件名为"学籍信息 .docx"。

3. 将 D 盘中名为"基本资料 .docx"的文件删除后，通过"回收站"查看并还原。

4. 搜索 D 盘中的"基本资料 .docx"文件。

5. 将 D 盘中"学籍信息 .docx"文件的属性修改为"只读"和"隐藏"，并显示隐藏的文件。

一、文件和文件夹管理的相关概念

1. 文件

文件是 Windows 存取磁盘信息的基本单位，用于保存计算机中的所有数据。一个文件是磁盘上存储信息的一个集合，可以是文字、图片、影片或一个应用程序等。

2. 文件夹

文件夹是用于管理和存放文件的一种结构，是存放文件的容器。在过去的计算机操作中，习惯上称文件夹为目录，目前流行的文件管理模式为树枝状结构。每个文件夹都有自己的文件夹名，其命名规则与文件的命名规则相同。

3. 文件及文件夹命名规则

（1）文件种类由主名和扩展名两部分表示，文件名和文件夹名的长度不能超过 256 个字符，1 个汉字相当于 2 个字符。

（2）在文件名和文件夹名中不能出现"\""/""<"">""|"等字符。

（3）文件名和文件夹名不区分字母大小写。

（4）每个文件都有扩展名（通常为3个字符），用来表示文件类型。文件夹没有扩展名。

（5）同一个文件夹中的文件名、文件夹名不能重复。

（6）在 Windows 10 中，可以使用通配符"?""*"作为文件名表示具有某些共性的文件。"?"代表任意位置的任意一个字符，"*"代表任意位置的任意多个字符，例如，"*"代表所有文件，"*.txt"代表扩展名为.txt 的所有文件。

一般情况下，文件分为纯文本文件、图像文件、压缩文件、音频文件等。一些常用的文件扩展名见表 3-1-1。

表 3-1-1　一些常用的文件扩展名

文件类型	常用的文件扩展名	适用的操作系统类型
纯文本文件	.txt	所有类型的操作系统
网页文件	.htm　.html	所有类型的操作系统
图像文件	.jpg　.jpeg　.png　.bmp.　.tif　.gif	所有类型的操作系统
音频文件	.wav　.mp3　.vma　.au	所有类型的操作系统
影像文件	.avi　.mp4　.mkv　.wmv　.mov　.mpeg	所有类型的操作系统
可执行的程序文件	.exe　.com	Windows 操作系统
	.apk	Android 操作系统
	.ipa	iOS 操作系统
	具有可执行属性，无须特定扩展名	Linux、UNIX、MacOS 等操作系统
运行库文件	.lib	Windows 操作系统
	.so	Linux 操作系统
压缩文件	.zip　.rar	Windows 操作系统
	.zip　.gz　.bz2　.xz　.z	Linux、UNIX 操作系统
光盘镜像文件	.iso	所有类型的操作系统

4. 硬盘分区与盘符

硬盘分区实质上是对硬盘的一种格式化，是指将硬盘划分为几个独立的区域，这样可以方便地存储和管理数据，一般只有在安装系统时才会对硬盘进行分区。盘符是 Windows 中磁盘存储设备的标识符，一般为一个英文字符加一个冒号"："，如"(C:)"，其中"C:"就是该盘的盘符。

5. 文件路径

用户在对文件进行操作时，除了要知道文件名，还需要知道文件所在盘的盘符和文件夹，即文件在计算机中的位置，也被称为文件路径。文件路径包括相对路径和绝对路径两种。其中，相对路径以 "."（表示当前文件夹）、".."（表示上级文件夹）或文件夹名称（表示当前文件夹中的子文件名）开头；绝对路径是指文件或目录在硬盘上存放的绝对位置，如 "D:\图片\标志.jpg" 表示 "标志.jpg" 文件位于 D 盘中的 "图片" 文件夹中。

提示

为了便于查看和管理文件，用户可更改文件和文件夹的视图方式，方法为：在 "此电脑" 窗口的 "查看" → "布局" 组的列表中选择相应的视图方式选项，也可以在窗口右下角单击按钮，实现超大图标模式和详细信息模式的切换。

二、选择文件或文件夹的几种方式

在对文件或文件夹进行操作前，要先选择文件或文件夹，主要有以下 5 种方法。

1. 选择单个文件或文件夹

直接单击文件或文件夹图标即可选择单个文件或文件夹，被选择的文件或文件夹的周围呈蓝色透明状。

2. 选择多个相邻的文件或文件夹

可在文件或文件夹周围空白处按住鼠标左键拖动鼠标框选需要选择的多个对象，框选完毕再松开鼠标左键。

3. 选择多个连续的文件或文件夹

单击选择第一个对象，按住 Shift 键再单击选择最后一个对象，可选择两个对象及其中间的所有对象。

4. 选择多个不连续的文件或文件夹

按住 Ctrl 键的同时依次单击需要选择的文件或文件夹，通过这种方式可选择多个不连续的文件或文件夹。

5. 选择所有文件或文件夹

直接按 Ctrl+A 组合键，或在文件资源管理器的 "主页" → "选择" 组中单击 "全部选择" 按钮，可选择当前窗口中的所有文件或文件夹。

三、文件资源管理器

文件资源管理器（见图 3-1-1）是管理计算机中文件资源的工具，用户可以用它查看和管理所有文件资源，其提供树状文件结构展示，便于用户更好、更快地组织、管理及应用文件资源。使用文件资源管理器的方法为：双击桌面上的 "此电脑" 图标，或右键单击 "开始" 菜单图标，在弹出的快捷菜单中选择 "文件资源管理器"，在打开的窗口中双击导航窗格中各类别图标，依次按层级展开文件夹，选择需要的文件夹后，窗口右侧将显示相应文件夹中的内容。

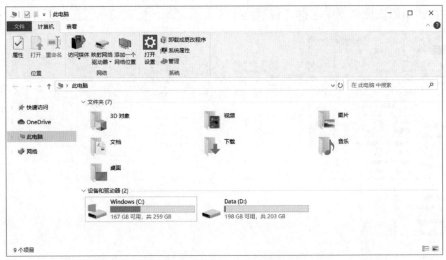

图 3-1-1　文件资源管理器

四、快速访问列表的使用

Windows 10 提供了一种新的用户快速访问常用文件夹的方式，即快速访问列表，该列表位于导航窗格最上方，用户可将频繁使用的文件夹固定到快速访问列表中，以便快速找到文件夹并使用。要想将文件夹固定到快速访问列表中，可通过以下 4 种方法来实现。

1. 通过"固定到快速访问"按钮固定

打开需要添加到快速访问列表中的文件夹，在"主页"→"剪贴板"组中单击"固定到快速访问"按钮，如图 3-1-2 所示。

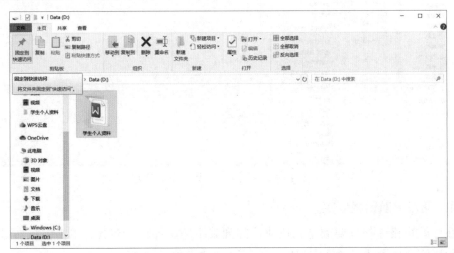

图 3-1-2　通过"固定到快速访问"按钮固定

2. 通过快速访问栏固定

打开要固定到快速访问列表中的文件夹，在导航窗格的"快速访问"栏上单击鼠标右键，在弹出的快捷菜单中选择"将当前文件夹固定到'快速访问'"，如图 3-1-3 所示。

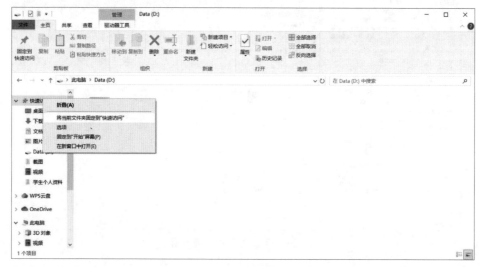

图 3-1-3　通过快速访问栏固定

3. 通过文件夹快捷命令固定

在要固定到快速访问列表中的文件夹上单击鼠标右键，在弹出的快捷菜单中选择"固定到快速访问"，如图 3-1-4 所示。

图 3-1-4　通过文件夹快捷命令固定

4. 通过导航窗格固定

在导航窗格中找到要固定到快速访问列表中的文件夹，在其上单击鼠标右键，在弹出的快捷菜单中选择"固定到快速访问"，如图 3-1-5 所示。

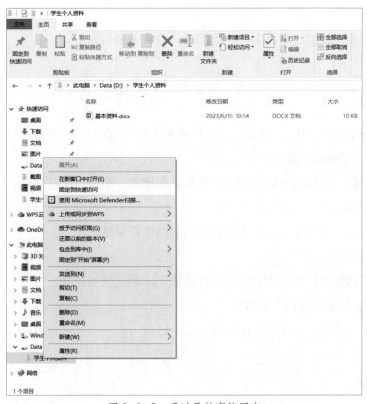

图 3-1-5　通过导航窗格固定

五、回收站的应用

打开回收站，在一个想要还原的文件上单击鼠标右键，弹出快捷菜单，如图 3-1-6 所示，其中各选项的功能如下。

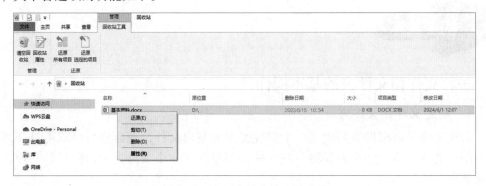

图 3-1-6　回收站中的右键菜单

1. 还原

通过此选项可以将回收站中的文件还原到删除前的位置。

2. 剪切

此选项与文件的剪切一样，配合粘贴操作可以将回收站中的文件移动到目标位置。

3．删除

通过此选项可以彻底删除文件，删除后文件将无法再恢复。

4．属性

通过此选项可以查看文件属性，帮助用户了解文件的详细信息，便于用户判断文件是否有用。

在"回收站"窗口中，"管理"→"回收站工具"选项卡中各按钮的作用如下。

1．"清空回收站"按钮

单击此按钮，回收站中的所有文件将被永久删除，删除后文件无法再恢复。

2．"回收站属性"按钮

单击此按钮，可以设置不将文件移到回收站中等属性。

3．"还原所有项目"按钮

单击此按钮会将回收站中的所有文件还原到未删除前的位置。

4．"还原选定的项目"按钮

此按钮和"还原"选项的作用一样。

提示

通常，从U盘（或其他外设）中删除的文件会被直接删除，而不是存放在回收站里。

一、文件和文件夹的基本操作

1．新建文件和文件夹

新建文件是指根据需要创建一个相应类型的空白文件，新建后可以双击打开该文件并编辑文件内容。如果需要将一些文件分类整理在一个文件夹中以便日后管理，就需要新建文件夹。

以新建"学生个人资料"文件夹为例，具体操作如下。

（1）双击桌面上的"此电脑"图标，打开"此电脑"窗口，双击D盘图标，打开D盘。

（2）在"主页"→"新建"组中单击"新建项目"按钮，在下拉菜单中选择"文件夹（F）"，如图3-1-7所示，或在窗口的空白处单击鼠标右键，在弹出的快捷菜单中选择"新建（W）"→"文件夹（F）"。

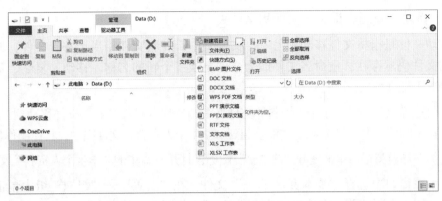

图 3-1-7　新建文件夹

（3）系统将在 D 盘中新建一个名为"新建文件夹"的文件夹，此时文件名呈可编辑状态，输入"学生个人资料"，单击空白处或按 Enter 键为该文件夹命名。新建文件夹的效果如图 3-1-8 所示。

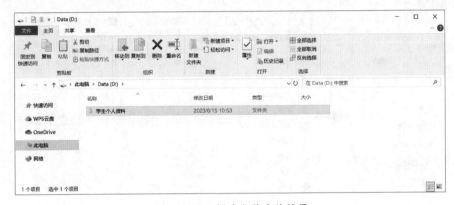

图 3-1-8　新建文件夹的效果

（4）双击新建的"学生个人资料"文件夹，在"主页"→"新建"组中单击"新建项目"按钮，在下拉菜单中选择"DOCX 文档"，输入文件名"基本资料"后按 Enter 键，即可新建一个名为"基本资料 .docx"的文件，如图 3-1-9 所示。

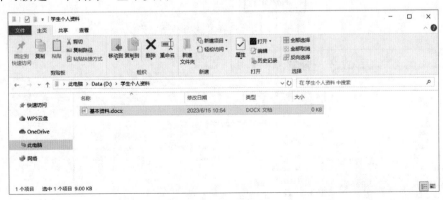

图 3-1-9　新建文件

2. 移动、复制、重命名文件和文件夹

移动文件是指将文件移动到另一个文件夹中；复制文件相当于备份文件，原文件夹下的文件仍然存在；重命名文件即为文件更换一个新的名称。移动、复制、重命名操作也适用于文件夹。

下面先将D盘中"学生个人资料"文件夹中的"基本资料.docx"文件移动到D盘中，再将D盘中的"基本资料.docx"文件复制到"学生个人资料"文件夹中，具体操作如下。

（1）在导航窗格中单击展开"此电脑"图标，打开D盘中的"学生个人资料"文件夹。

（2）在窗口中选择"基本资料.docx"文件，在"主页"→"组织"组中单击"移动到"按钮，在下拉菜单中选择"选择位置..."，如图3-1-10所示。

（3）打开"移动项目"对话框，在其中选择"Data（D:）"，单击"移动（M）"按钮，完成文件的移动，如图3-1-11所示。

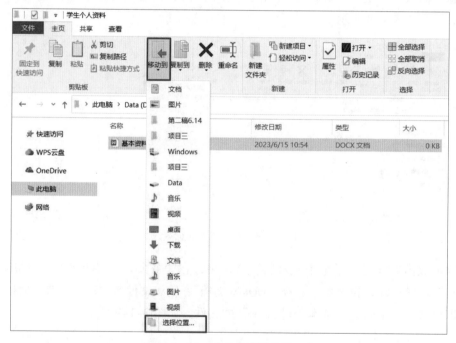

图 3-1-10　选择"选择位置..."

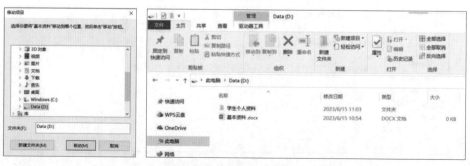

图 3-1-11　选择移动到的位置及移动文件后的效果

提示

　　选择文件后，在其上单击鼠标右键，在弹出的快捷菜单中选择"剪切（T）"或直接按 Ctrl+X 组合键，将选择的文件剪切到剪贴板中，此时文件呈灰色透明状。在导航窗格中双击展开相应的文件夹，选择需要移动到的文件夹，在窗口右侧单击鼠标右键，在弹出的快捷菜单中选择"粘贴（P）"或直接按 Ctrl+V 组合键，将剪切到剪贴板中的文件粘贴到当前文件夹中。

（4）单击地址栏左侧的"←"按钮，返回上一级目录的窗口，可看到窗口中已没有"基本资料 .docx"文件了。

（5）选择 D 盘中的"基本资料 .docx"文件，在"主页"→"组织"组中单击"复制到"按钮，在下拉菜单中选择"选择位置..."，如图 3-1-12 所示。

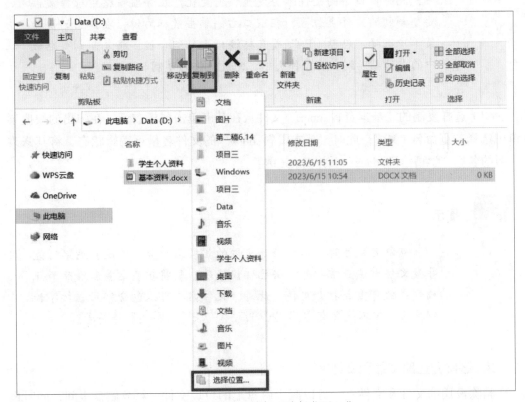

图 3-1-12　选择"选择位置..."

（6）打开"复制项目"对话框，在其中选择"Data（D:）"中的"学生个人资料"文件夹，单击"复制（C）"按钮完成文件的复制操作，如图 3-1-13 所示。

图 3-1-13　选择复制到的位置及复制文件后的效果

 提示

> 　　选择文件后，在其上单击鼠标右键，在弹出的快捷菜单中选择"复制（C）"或直接按 Ctrl+C 组合键，将选择的文件复制到剪贴板中，此时窗口中的文件不会发生任何变化。在导航窗格中选择文件要复制到的文件夹位置，在窗口右侧单击鼠标右键，在弹出的快捷菜单中选择"粘贴（P）"或直接按 Ctrl+V 组合键，将复制到剪贴板中的文件粘贴到当前文件夹中，完成文件的复制。

　　（7）选择复制的"基本资料 .docx"文件，在其上单击鼠标右键，在弹出的快捷菜单中选择"重命名（M）"，此时"基本资料 .docx"的文件名呈可编辑状态，将其修改为新的名称"学籍信息 .docx"后按 Enter 键。

 提示

> 　　重命名文件时，不要修改文件的扩展名部分，修改扩展名可能导致文件无法正常打开。若已错误修改，则将扩展名重新修改为正确形式便可重新打开文件。此外，文件名中可以包含字母、数字和空格等，但不能含有 "?" "*" "/" "\" "<" ">" ":" 等符号。

3. 删除并还原文件和文件夹

　　删除没用的文件和文件夹，可以减少磁盘上的垃圾文件，释放磁盘空间，同时也便于管理。被删除的文件和文件夹实际上是被移动到了回收站中，若误删文件，则可通过还原操作还原文件。

　　下面删除 D 盘中的"基本资料 .docx"文件，具体操作如下。

（1）在导航窗格中打开 D 盘，在窗口右侧选中"基本资料 .docx"文件。

（2）单击鼠标右键，在弹出的快捷菜单中选择"删除（D）"或按 Delete 键，在"删除文件"对话框中单击"是（Y）"按钮，即可删除选择的文件，如图 3-1-14 所示。

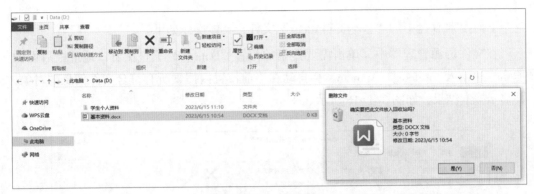

图 3-1-14　删除文件

（3）单击"最小化"按钮，切换至桌面，双击"回收站"图标，在打开的窗口中可以查看最近删除的文件和文件夹等对象。右键单击"基本资料 .docx"文件，在弹出的快捷菜单中选择"还原（E）"，如图 3-1-15 所示，将其还原到被删除前的位置。

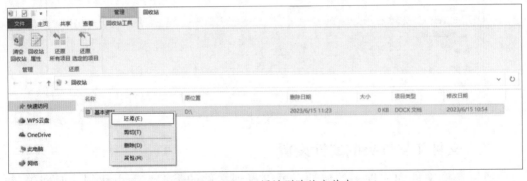

图 3-1-15　还原被删除的文件夹

 提示

选中文件后，也可按 Shift+Delete 组合键直接将文件从计算机中删除。将文件放入回收站后，文件仍然会占用磁盘空间，在"回收站"窗口中单击"回收站工具"→"管理"组中的"清空回收站"按钮，可以彻底删除回收站中的全部文件。

4. 搜索文件或文件夹

如果用户不知道文件或文件夹在磁盘中的具体位置，可以使用 Windows 10 的搜索功能搜索文件或文件夹。搜索时如果不记得文件的名称，可以使用模糊搜索功能，方法是用通配符"*"代替任意数量的任意字符，用"?"代表某一位置的任意字符。

下面搜索 D 盘中的"基本资料.docx"文件，具体操作如下。

在文件资源管理器中，单击需要搜索的位置"Data（D:）"。在窗口地址栏后面的搜索框中输入"*.docx"，Windows 会自动在当前位置内搜索所有符合文件信息的对象，并显示搜索结果，如图 3-1-16 所示。

图 3-1-16　搜索 D 盘中的文件

二、文件和文件夹的属性设置

通过查询文件和文件夹的属性，可以得到文件的类型、大小和创建时间等信息。文件和文件夹的属性主要包括隐藏属性和只读属性两种。用户在查看磁盘文件的名称时，系统一般不会显示具有隐藏属性的文件，具有隐藏属性的文件不能被删除、复制和重命名，隐藏属性可以对文件起到保护作用；对于具有只读属性的文件，用户可以查看和复制，但不能修改和删除，只读属性可以避免用户意外删除和修改文件。

设置文件和文件夹属性的方法相同，下面更改"学籍信息.docx"文件的属性，具体操作如下。

1. 打开"此电脑"窗口，在 D 盘中"学生个人资料"文件夹中的"学籍信息.docx"

文件上单击鼠标右键，在弹出的快捷菜单中选择"属性（R）"，打开文件对应的"学籍信息属性"对话框。

2. 在默认的"常规"选项卡下的"属性"中勾选"只读（R）"或"隐藏（H）"复选框，单击"确定"按钮，可以将文件的属性设置为只读或隐藏，如图 3-1-17 所示。

在"查看"→"显示 / 隐藏"组中勾选"隐藏的项目"复选框，可以显示隐藏的文件，如图 3-1-18 所示。

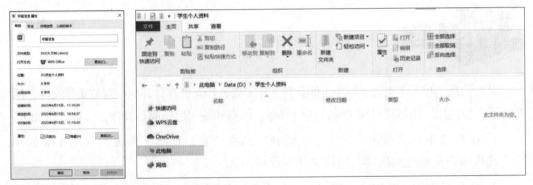

图 3-1-17　"学籍信息属性"对话框及隐藏文件后的效果

图 3-1-18　显示隐藏的文件

 提示

　　除了系统自带的文件夹图标，用户还可以自己下载图标文件作为文件夹的图标。

任务 2　文件和文件夹的高级操作

1. 了解 Windows 10 中文件和文件夹的高级操作知识。
2. 能对 Windows 10 中的文件和文件夹进行共享、加密和访问库的高级操作。

某校信息工程系学生会干事小王因日常工作需要，经常会在计算机中存放工作文件，同时为了方便使用，还需要对相关文件进行共享、加密和使用库访问等操作，具体要求如下。

1. 在 D 盘中找到名为"学生个人资料"的文件夹，将此文件夹共享给相应的用户，使该用户可通过局域网访问该文件夹资料。

2. 对 D 盘中的"学生个人资料"文件夹进行加密处理，以保护文件中的信息，防止信息泄露。

3. 新建一个库，将其命名为"学生会日常工作"，并将 D 盘中的"学生个人资料"文件夹包含在其中。

一、库

在 Windows 10 中，库（library）是一组文件夹的集合，可以将多个文件夹合并为一个库，并将其视为一个整体进行管理和操作。库可以包含本地计算机上任何类型的文件夹，如本地驱动器、网络驱动器、云存储服务中的文件夹等。Windows 10 中的库功能类似于文件夹，但它只提供管理文件的索引，即用户可以通过库直接访问文件，而不需要通过保存文件的位置查找，所以文件并没有真正存放在库中。Windows 10 自带视频、图片、音乐和文档 4 个库，用户可以直接将常用的文件资源添加到相应的库中，也可以根据需要新建库。

使用库的优点包括以下几点。

1. 简化文件管理

可以将多个文件夹合并为一个库，使用统一的方式进行管理，不再需要在不同的文件夹之间来回切换。

2. 提高搜索效率

可以在库中进行搜索，搜索范围包括库中所有的文件夹，而不是每个文件夹都要单独搜索。

3. 快速访问常用文件夹

可以将常用的文件夹添加到库中，并通过库快速访问这些文件夹。

二、加密文件系统（EFS）

加密文件系统（encrypting file system，EFS）是 Windows 内置的一套基于公共密钥的加密机制，可以加密 NTFS（new technology file system，微软最新版 Windows 和 Windows Server 的主文件系统）分区上的文件和文件夹，能够实时、透明地对磁盘上的数据进行加密，在很大程度上提高数据的安全性。

EFS 技术的特点主要体现在以下几个方面。

1. 对于用户来说，EFS 技术采用了透明加密操作方式，即所有的加密和解密过程对用户来说是感觉不到的。这是因为 EFS 运行在操作系统的内核模式下，通过操作文件系统，向整个系统提供实时、透明、动态的数据加密和解密服务。当合法用户操作经 EFS 加密的数据时，系统将自动进行解密操作。

2. EFS 是一种公钥加密系统，由系统生成的伪随机数组成的 FEK（file encryption key，文件加密钥匙）和用户公钥进行文件加密，在访问被加密的文件时，系统首先利用当前用户的私钥解密 FEK，然后利用 FEK 解密出文件。在首次使用 EFS 时，如果用户还没有公钥/私钥（统称为密钥），则系统会先生成密钥，然后加密数据。EFS 的用户确认工作在用户登录到 Windows 时就已经进行了，在用户访问经 EFS 技术加密的文件时，用户身份的合法性已经得到验证，无须再次输入其认证信息。

3. EFS 允许文件的原加密者指派其他的合法用户以数据恢复代理的身份来解密经加密的数据，同一个加密文件可以根据需要被多个合法用户访问。

4. EFS 技术可以与 Windows 操作系统的权限管理机制结合，实现对数据的安全管理。

三、文件和文件夹共享的介绍

共享文件夹是指某个计算机与其他计算机之间可相互分享的文件夹，所谓的共享就是分享的意思。Windows 10 提供了一种相对简单的文件共享方法，让用户可以在局域网内分享文件和文件夹，以满足基本的生活和工作需求。

Windows 10 中共享文件和文件夹设置的具体步骤如下。

1. 启用文件共享。

2. 找到共享文件夹。

3. 创建共享用户。

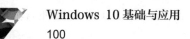
4. 授予共享用户访问权限。

5. 通过主机名或 IP 地址访问共享文件夹。

 提示

> 默认情况下，库存储在 C 盘中的用户文件夹中。
>
> EFS 技术中密钥的生成基于登录账户的用户名和口令，但并不完全依赖于此用户名和口令，如 FEK 是由伪随机数组成的，当重新安装了操作系统后，虽然创建了与之前完全相同的用户名和口令，但 FEK 有所不同，导致原来加密的文件无法被访问。为解决此问题，EFS 提供了密钥导出与备份功能，但此操作仅取决于用户的安全意识。
>
> 注意：Windows 10 家庭版中没有提供文件和文件夹的加密功能。

 任务实施

一、文件和文件夹的共享

1. 启用文件共享

启用文件共享是指启用计算机上的文件共享功能，允许其他用户通过局域网或互联网访问和共享文件。

下面是启用文件共享的具体步骤。

（1）打开"控制面板"窗口，单击"查看网络状态和任务"，如图 3-2-1 所示。

图 3-2-1　单击"查看网络状态和任务"

（2）单击"更改高级共享设置"，如图 3-2-2 所示，进入设置界面。

图 3-2-2　单击"更改高级共享设置"

（3）在"高级共享设置"窗口中打开"专用（当前配置文件）"一栏，选中"启用网络发现""启用文件和打印机共享"单选按钮，如图 3-2-3 所示。

图 3-2-3　"高级共享设置"窗口

2. 找到共享文件夹

双击"此电脑"图标，双击进入 D 盘，随后找到"学生个人资料"文件夹，如图 3-2-4 所示。

图 3-2-4　找到目标文件夹

3. 创建共享用户

右键单击"此电脑"图标，在弹出的快捷菜单中选择"管理（G）"→"系统工具"，在"计算机管理"窗口中单击"本地用户和组"，右键单击"用户"，选择"新用户"，输入用户名和密码，如图 3-2-5 所示。

4. 授予共享用户访问权限

右键单击准备共享的文件夹，选择"授予访问权限（G）"→"特定用户 ..."，选择要与其共享的用户，添加后单击"共享（H）"按钮，随后提示已共享成功并提供路径，如图 3-2-6 和图 3-2-7 所示。

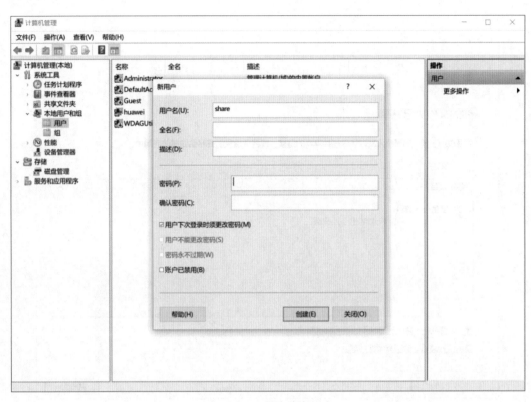

图 3-2-5　创建共享用户

图 3-2-6　选择要与其共享的用户

图 3-2-7　共享成功

5. 通过主机名或 IP 地址访问共享文件夹

根据共享主机提示的主机名或主机在局域网内的 IP 地址进行访问，输入相应的鉴权信息即可访问，如图 3-2-8 和图 3-2-9 所示。

图 3-2-8　输入鉴权信息

图 3-2-9　访问共享文件夹

 提示

　　如果需要任何人都可访问共享文件夹，可以将用户选择为"Everyone"，此时应将共享设置设为无密码，否则仅主机内设置的用户可以访问该共享文件夹。

二、文件和文件夹的加密

　　文件加密是指通过对数据进行加密来帮助保护数据，只有拥有正确加密密钥（如密码）的人员才能解密文件。以下是首次执行文件和文件夹加密操作时的具体步骤。

　　1. 右键单击（在支持触控的 Windows 10 中也可通过屏幕触摸长按）文件或文件夹，选择"属性（R）"，弹出的对话框如图 3-2-10 所示。

　　2. 单击"高级（D）…"按钮，在弹出的"高级属性"对话框中勾选"加密内容以便保护数据（E）"复选框，如图 3-2-11 所示。

　　3. 单击"确定"按钮以关闭"高级属性"对话框，单击"应用（A）"按钮，再单击"确定"按钮。

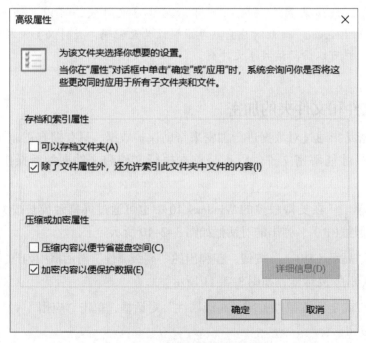

图 3-2-10 "学生个人资料 属性"对话框

图 3-2-11 "高级属性"对话框

4. 第一次应用时会弹出提醒备份文件加密密钥的消息，如图 3-2-12 所示，单击后打开"加密文件系统"对话框，如图 3-2-13 所示。

5. 单击"现在备份（推荐）（N）"会弹出"证书导出向导"对话框，单击"下一页（N）"按钮，按照默认格式继续单击"下一页（N）"按钮，如图 3-2-14 和图 3-2-15 所示。

图 3-2-12　备份文件加密密钥提醒

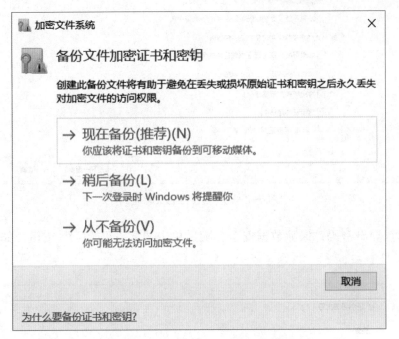

图 3-2-13　"加密文件系统"对话框

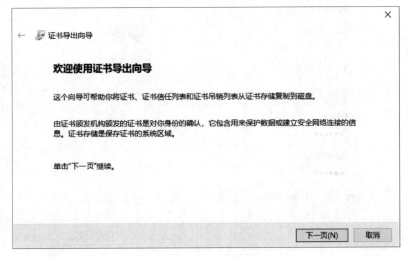

图 3-2-14　证书导出向导

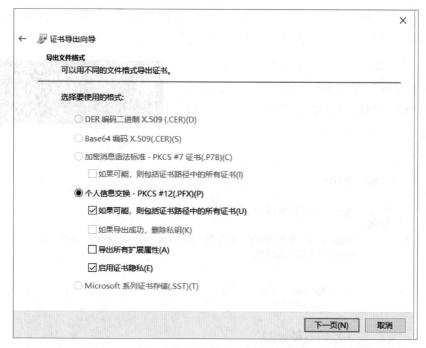

图 3-2-15 选择导出文件格式

6. 设置导出密码，保障数据安全，随后单击"下一页（N）"按钮，如图 3-2-16 所示。

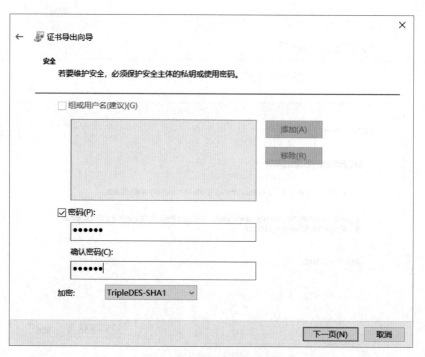

图 3-2-16 设置导出密码

7. 设置导出的文件和位置，单击"浏览（R）..."按钮，选择要保存的位置，输入密钥的文件名，单击"保存（S）"按钮，单击"下一页（N）"按钮，如图 3-2-17、图 3-2-18 和图 3-2-19 所示。

图 3-2-17　单击"浏览（R）..."按钮

图 3-2-18　设置文件保存位置和名称

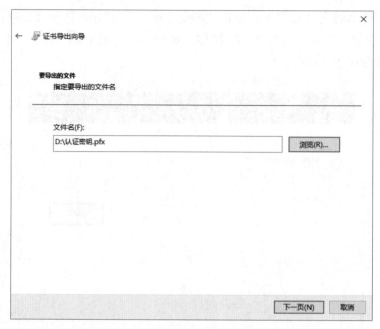

图 3-2-19 文件保存位置和名称设置完成

8. 完成证书的导出后，单击"完成（F）"按钮，如图 3-2-20 所示，加密完成结果如图 3-2-21 所示。

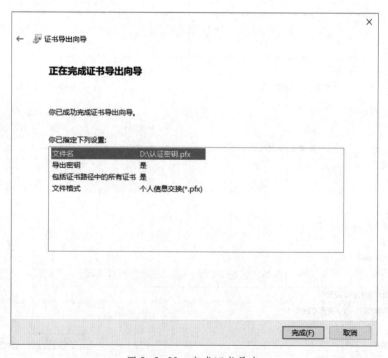

图 3-2-20 完成证书导出

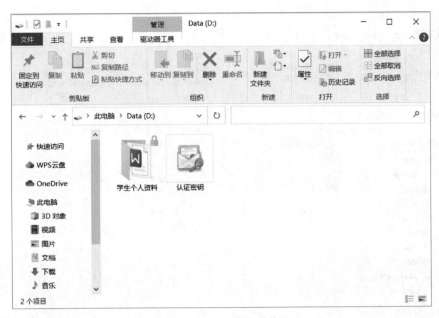

图 3-2-21 加密完成结果

三、库的使用

下面新建库，将"学生个人资料"文件夹添加到库中，具体操作如下。

1. 打开"此电脑"窗口，在"查看"→"窗格"组中单击"导航窗格"按钮，在下拉菜单中勾选"显示库"复选框，此时会在导航窗格中显示库，如图 3-2-22 所示。

2. 在导航窗格中单击"库"图标，打开"库"文件夹，此时窗口右侧会显示所有库，如图 3-2-23 所示，双击各个库可将其打开并进行查看。

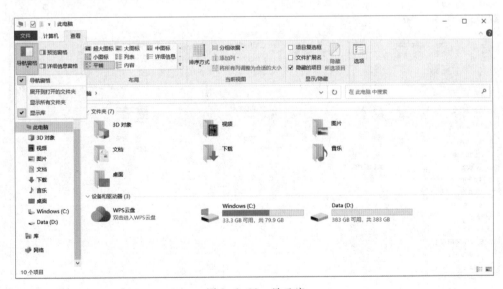

图 3-2-22 显示库

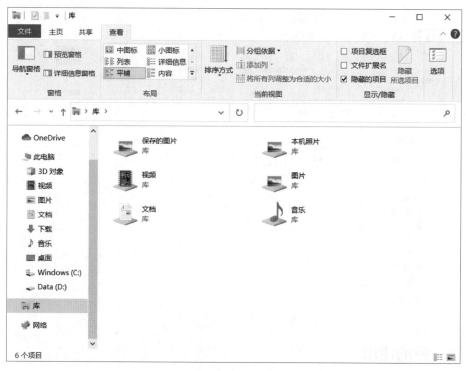

图 3-2-23　查看库

3. 返回"库"文件夹，在"主页"→"新建"组中单击"新建项目"按钮，在下拉菜单中选择"库"，可新建一个名称可编辑的库，输入库的名称"学生会日常工作"后按 Enter 键，如图 3-2-24 所示。

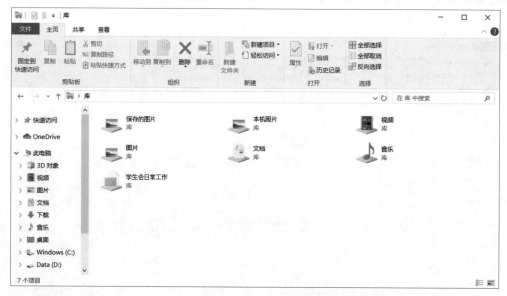

图 3-2-24　新建库

4. 在导航窗格中打开 D 盘，选中要添加到库中的"学生个人资料"文件夹，在其上单击鼠标右键，在弹出的快捷菜单中选择"包含到库中（I）"→"学生会日常工作"，即可将其添加到前面新建的"学生会日常工作"库中，并可通过"学生会日常工作"库查看文件夹，效果如图 3-2-25 所示。

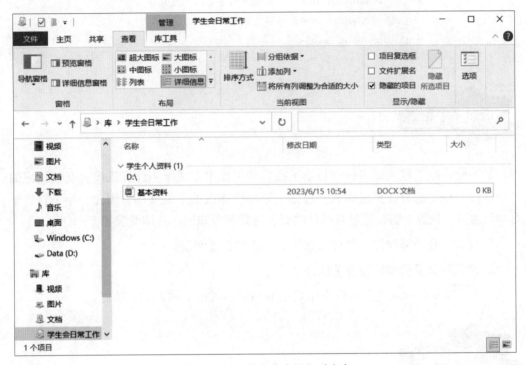

图 3-2-25 将文件夹添加到库中

 提示

当不再需要使用库中的文件夹时，可以将其删除，方法为：在要删除的库中的文件夹上单击鼠标右键，在弹出的快捷菜单中选择"删除（D）"即可。

任务 3　系统软件资源的管理

1. 认识 Windows 10 的 "设置" 窗口，了解不同选项的大致内容。
2. 了解 Windows 10 中计算机软件的安装与卸载知识。
3. 能对 Windows 10 中的软件进行安装与卸载。
4. 认识 "Windows 功能" 对话框。

　　某学校信息工程系机房管理员小王在日常工作中发现很多计算机没有安装相应的工作软件，也有部分计算机中软件过多，影响计算机的正常使用，因此，小王打算学习如何通过 "设置" 窗口等进行软件的安装与卸载等知识，具体要求如下。

　　1. 安装工作所需软件，如搜狗五笔输入法和百度网盘。

　　2. 卸载该计算机中的爱奇艺软件。

　　3. 在 "Windows 功能" 对话框中启用 IIS 系统功能，并卸载 IE 功能。

一、"设置" 窗口

　　"设置" 窗口是一个非常重要的工具，它可以帮助用户配置和管理 Windows 的各种功能和选项。以下是 "设置" 窗口（见图 2-2-1）中不同选项的主要功能。

1. 系统

可以在这里设置显示、声音、通知和操作、电源和睡眠、电池、存储等系统相关选项。

2. 设备

可以在这里管理计算机上连接的设备，如打印机、扫描仪、鼠标、键盘等。

3. 手机

这里提供了一系列的集成服务和工具，以实现手机与计算机之间的连接和互动。

4. 网络和 Internet

这是一个集中管理网络连接和互联网设置的地方。这个选项允许用户配置和优化网络体验，包括 Wi-Fi、以太网、移动热点、数据使用和其他网络相关的高级设置。

5. 个性化

可以在这里更改桌面背景、屏幕保护程序、主题、颜色和声音等。

6. 应用

可以在这里管理 Windows 10 上安装的应用程序和应用程序设置。

7. 账户

可以在这里管理 Microsoft 账户和本地账户。

8. 时间和语言

可以在这里设置日期和时间格式、时区、键盘输入语言和显示语言等。

9. 游戏

可以在这里管理和配置游戏设置，包括 Game bar 和游戏模式等选项。

10. 轻松使用

此选项是专门设计用来提高操作系统的可访问性和易用性的。这个选项包含了一系列的辅助功能，旨在帮助有特殊需求的用户，如患有视觉、听觉或运动障碍的用户，让他们能更好地与设备互动。

11. 搜索

通过索引和搜索技术，此选项可帮助用户快速找到存储在计算机上的各种数据。

12. 隐私

在这里可以控制 Windows 10 如何使用数据，包括位置、搜索、语音输入和诊断等选项。

13. 更新和安全

通过此选项，用户可以检查系统更新、安装更新、更改更新设置、查看设备的安全性和维护信息。

总之，"设置"窗口是一个集中管理 Windows 10 系统各项功能和选项的地方，通过它用户可以轻松地进行配置和管理，并提升系统的性能和改善用户体验。

二、关于软件

软件是指计算机系统中用于控制和管理硬件设备、支持各种应用程序运行的非物质性程序，也被称为应用程序、软件程序或计算机程序。通俗来讲，软件就像计算机的大脑，是一系列指令和数据的组合，通过计算机上的 CPU 等硬件设备运行，使计算机能够完成各种任务。软件可以分为系统软件和应用软件两种类型。其中，系统软件是指在操作系统上运行的软件，它用于控制和管理计算机硬件资源，是计算机系统的基础；应用软件则是为用户提供各种功能和服务的软件，如浏览器、音乐播放器、办公软件等。不同的软件可以实现不同的功能，用户可以通过安装、配置、运行软件实现自己的需求。

三、Windows 10 应用和功能的设置

通过 Windows 10 的应用和功能设置，用户可以管理和控制系统的应用程序和功能，用户可以方便地修改或卸载不需要或有问题的应用程序。

具体来说，用户可以在应用和功能设置界面中列出所有已安装的应用程序，并对它们进行卸载或修改，以便清理磁盘空间或解决应用程序的问题。此外，用户还可以使用应用和功能设置界面中的搜索功能快速查找应用程序。

四、Windows 10 软件的安装与卸载

1. Windows 10 软件的主要安装方式

（1）下载并安装应用商店（Microsoft Store）中的应用程序

用户可以在 Windows 10 中的应用商店中下载并安装各种应用程序，具体操作方法如下。

1）打开 Windows 10 的应用商店。

2）在搜索框中输入想要下载的应用名称或者关键词，单击"搜索"按钮。

3）在搜索结果中找到要下载的应用，单击"获取"或"安装"按钮。

4）根据提示操作，等待应用程序下载和安装即可。

（2）通过下载软件的安装包进行安装

需要先打开浏览器进入软件官网或第三方下载网站下载软件的安装包，再进行安装，具体操作方法如下。

1）打开浏览器，进入软件官网或第三方下载网站。

2）找到要下载的软件，并下载软件的安装包。

3）双击安装包，根据提示操作，等待软件安装完成即可。

2. Windows 10 软件的主要卸载方式

（1）通过控制面板卸载程序

具体方法如下。

1）打开"控制面板"窗口。

2）在"程序"中找到需要卸载的程序。

3）右键单击需要卸载的程序，选择"卸载"。

4）根据提示操作，等待程序卸载完成即可。

（2）通过"开始"菜单中的"应用和功能"来卸载程序

具体方法如下。

1）单击"开始"菜单图标→"设置"按钮。

2）单击"应用"，在"应用和功能"中找到需要卸载的程序。

3）单击该程序，单击"卸载"按钮。

4）根据提示操作，等待程序卸载完成即可。

综上所述，Windows 10 软件的安装和卸载非常简便，用户可以根据需要灵活选择适合自己的方式进行操作。

五、"Windows 功能"对话框

"Windows 功能"对话框是 Windows 提供的一个功能控制工具。通过这个对话框，用户可以选择启用或关闭 Windows 中的一些系统功能，如 Microsoft .NET Framework、Windows Media Player 等，此操作的作用如下。

1. 精简操作系统

通过禁用某些不需要的系统功能，可以减少系统资源的占用和开机启动时间，从而让计算机运行得更加流畅。

2. 只保留所需功能

有些 Windows 功能可能并不是所有用户都需要的，如有些用户可能从不使用 Windows Media Player，但是此时该应用程序在计算机中占用空间。通过禁用这些不需要的 Windows 功能，可以让系统更加简洁，运行速度更快。

3. 提高系统安全性

禁用不必要的 Windows 功能可以减少系统漏洞和被黑客利用的风险，从而增强系统安全性。

综上所述，"Windows 功能"对话框是 Windows 中的一个重要工具，可以帮助用户优化和定制系统，提高计算机的性能和安全性。

一、计算机软件的安装与卸载

获取或准备好软件的安装程序后，便可以开始安装软件，安装后的软件将会显示在"开始"菜单中的程序列表中，部分程序还会自动在桌面上创建快捷方式。

1. 安装搜狗五笔输入法应用程序

（1）通过 Microsoft Edge 浏览器下载搜狗五笔输入法，其界面如图 3-3-1 所示。

图 3-3-1　搜狗五笔输入法下载界面

（2）打开安装程序所在的文件夹，双击"sogou_wubi_55d.exe"文件。

（3）打开"安装向导"，如图 3-3-2 所示，根据提示进行安装，单击"立即安装"按钮。

图 3-3-2　打开"安装向导"

（4）此时应用程序将自动开始安装，并显示安装进度，如图 3-3-3 所示。需要注意的是，部分应用程序在安装过程中可能会提示设置安装位置等，按提示操作即可。

（5）安装完成后会提示安装成功，如图 3-3-4 所示，单击"立即体验"按钮即可。

（6）弹出"个性化设置向导"，如图 3-3-5 所示，可根据需要设置输入习惯等，单击"下一步（N）"按钮，继续进行其他设置，完成后便可使用该输入法进行汉字输入。

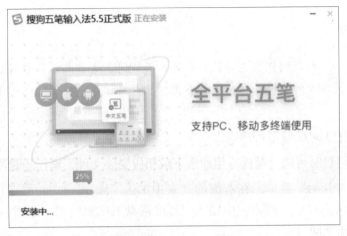

图 3-3-3　显示安装进度

图 3-3-4　安装成功

图 3-3-5　设置输入习惯

提示

利用浏览器进行软件安装包下载时，务必确认下载网址为该软件提供方的官网，以免下载不良软件，对计算机的安全运行造成威胁。

2. 安装百度网盘应用程序

安装百度网盘时可通过微软应用商店下载相应安装文件，操作步骤如下。

（1）打开"开始"菜单，在右侧的列表中单击"Microsoft Store"图标，启动应用商店，在打开的窗口中的搜索框中输入"百度网盘"搜索应用，如图3-3-6所示，选择需要的应用选项即可。

图 3-3-6 搜索应用

（2）在打开的界面中单击"安装"按钮，如图3-3-7所示，开始下载应用程序。下载完成后应用程序将自动安装，并会显示安装进度。

（3）安装完成后，打开百度网盘的登录界面，输入用户名和密码即可登录百度网盘。

3. 卸载爱奇艺应用程序

（1）按Windows+I组合键打开"设置"窗口，单击"应用"，在"应用和功能"中找到需要卸载的"爱奇艺"应用程序并单击，如图3-3-8所示，在展开的面板中单击"卸载"按钮。

图 3-3-7　单击"安装"按钮

图 3-3-8　单击要卸载的应用程序

（2）弹出"此应用及其相关的信息将被卸载"的提示，如图 3-3-9 所示，单击"卸载"按钮即可开始卸载。

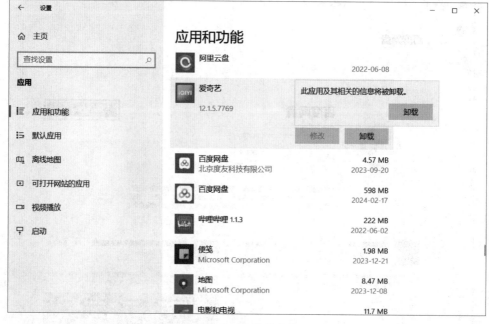

图 3-3-9　卸载程序提示

提示

如果软件自身提供了卸载功能，那么通过"开始"菜单也可以完成卸载操作，方法为：单击"开始"菜单图标，在程序列表中展开程序文件夹，选择"卸载"或"卸载程序"等相关选项（若没有类似选项，则通过控制面板卸载），根据提示操作便可完成软件的卸载。有些软件卸载后，系统会提示重启计算机以彻底删除该软件的安装文件。

二、Windows 功能的启用和关闭

Windows 10 自带了许多功能，默认情况下并没有将所有功能都开启，用户可根据需要手动启用或关闭相应功能。

下面启用 IIS（Internet Information Services）系统功能，卸载 IE 功能，具体操作如下。

1. 在任务栏中的搜索框中输入"功能"，在打开的界面中选择"启用或关闭Windows 功能"，如图 3-3-10 所示，打开"Windows 功能"对话框。

2. 在其中展开"Internet Information Services"，选择"Web 管理工具"并将其展开，勾选"IIS 管理服务"复选框，如图 3-3-11 所示。

图 3-3-10　搜索"功能"界面

图 3-3-11　设置 IIS 管理服务

3. 选择"万维网服务"并将其展开，在其中选择相应选项，如图 3-3-12 所示，完成设置后单击"确定"按钮，在打开的界面中将显示正在安装的相关信息，并会显示安装进度。

图 3-3-12　设置万维网服务

4. 稍等片刻，在打开的界面中将提示安装请求已完成的相关信息，单击"关闭"按钮。

5. 在"设置"窗口中单击"系统"→"可选功能"，在"可选功能"中单击"Internet Explorer 11"，在展开的面板中单击"卸载"按钮，即可将程序卸载，实现卸载 IE 功能，如图 3-3-13 所示。

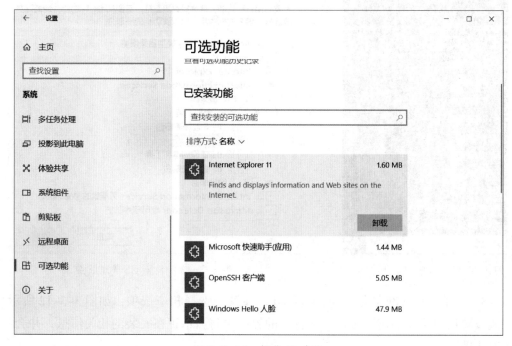

图 3-3-13　卸载 IE 功能

任务4　系统硬件资源的管理

学习目标

1. 能使用设备管理器管理硬件资源。
2. 能独立调整计算机硬盘分区的大小。
3. 掌握打印机驱动程序的安装方法。
4. 掌握投影仪的连接方法。
5. 能独立设置鼠标和键盘。

某学校近期要举办"校园十佳歌手"的比赛，小张需要在比赛前完成硬件设备的安装与调试，具体要求如下。

1. 管理计算机上的硬件资源，完成键盘驱动程序的更新。

2. 调整计算机的硬盘分区大小，划分 D 盘的大小为 100 G，以便存放比赛活动的视频和音频。

3. 下载并安装打印机驱动程序，以便打印参赛选手的参赛信息及比赛曲目。

4. 将计算机与投影仪连接，查看或更改投影仪的桌面分辨率，以便比赛曲目的背景播放。

5. 设置鼠标和键盘，以便获得更好的计算机操作体验。

一、计算机的硬件驱动程序

设备的驱动程序是系统与硬件设备间的桥梁，硬件设备通常只能进行简单的计算或存储，系统要想让硬件设备按照自己的要求工作，就必须使用专门为这个设备设计的驱动程序，来与硬件交流数据，所以说驱动程序是系统使用硬件设备的关键，如果没有驱动程序，硬件设备将无法正常工作。

硬件设备的驱动程序通常有以下两个来源：

1. 来自购买硬件设备时附带的驱动程序安装光盘，如图 3-4-1 所示。

2. 来自网络下载。

提示

　　通过正规渠道购买打印机和扫描仪等设备时，会随机器附送设备配套的驱动程序安装光盘，用户使用光盘安装驱动程序后即可使用该设备。

图 3-4-1　驱动程序安装光盘

二、设备管理器

设备管理器是计算机中主要的硬件管理工具，查看所有硬件的识别状态、驱动状态以及更新、禁用设备等操作都可以在这里进行。

右键单击"开始"菜单图标，在弹出的快捷菜单中选择"设备管理器（M）"便可打开设备管理器，如图 3-4-2 所示。

1. 菜单栏

这里有"文件""操作""查看"和"帮助"4 个菜单，提供对设备常用的操作选项等。

2. 工具栏

这里提供了快速访问按钮，默认情况下包括："向后"和"向前"两个导航按钮、"显示 / 隐藏控制台树"和"显示 / 隐藏操作窗格"两个窗口控制按钮，以及"帮助""扫描检测硬件改动"功能按钮。在选中某一个硬件设备后，工具栏中会增加相应的按钮，如"属性""更新设备驱动程序""卸载设备""启用 / 禁用设备"功能按钮。图 3-4-3 所示为选中"监视器"下的"通用即插即用监视器"后的"设备管理器"窗口。

3. 导航窗格（树状视图）

这里列出了计算机上所有硬件设备的分类，如磁盘驱动器、通用串行总线控制器、网络适配器、显示适配器等。

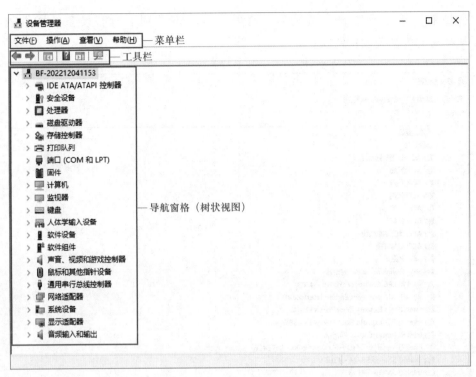

图 3-4-2　设备管理器

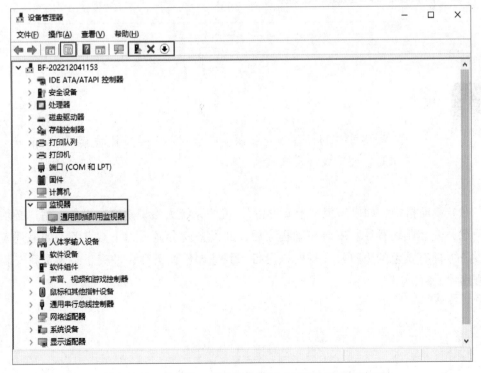

图 3-4-3　选中某一硬件设备后的"设备管理器"窗口

在导航窗格中选中一个类别后，这里会显示该类别下所有设备的详细列表，图 3-4-4 所示为系统设备列表。

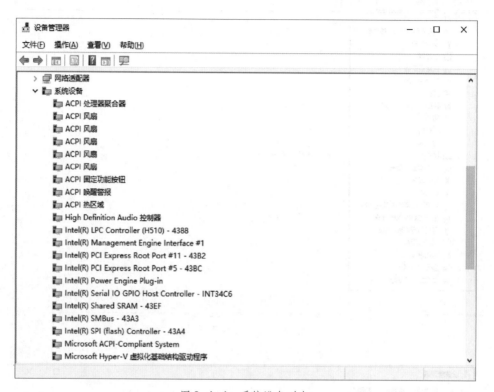

图 3-4-4　系统设备列表

 提示

一些重要的设备如处理器、磁盘驱动器是不能被禁用的，因为禁用它们会造成计算机系统"瘫痪"。

在导航窗格中，如果出现"未知设备"，说明系统无法识别这个设备，用户必须自己下载并安装驱动程序。安装驱动程序后，此设备就会显示为正常设备。如果列表中的设备上标有黄色的感叹号，说明该设备与其他硬件设备存在冲突，必须重新安装驱动程序才能解决。

一、设备管理器的使用

下面将键盘的驱动程序进行更新。

1. 在设备管理器的导航窗格中单击"键盘"→"Lenovo 键盘"，如图 3-4-5 所示。

2. 单击"更新设备驱动程序"按钮，选择搜索驱动程序的方式以对键盘的驱动程序进行更新，如图 3-4-6 所示。

3. 选择"自动搜索驱动程序（S）"进行更新，系统开始自动搜索和安装驱动程序，如图 3-4-7 所示。

4. 完成安装后，按照提示重启计算机即可完成键盘驱动程序的更新，如图 3-4-8 所示。

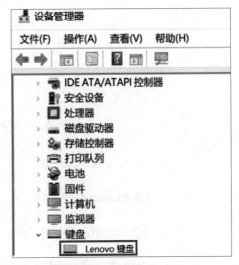

图 3-4-5　单击"键盘"

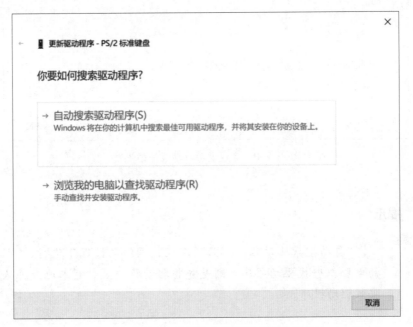

图 3-4-6　选择搜索驱动程序的方式

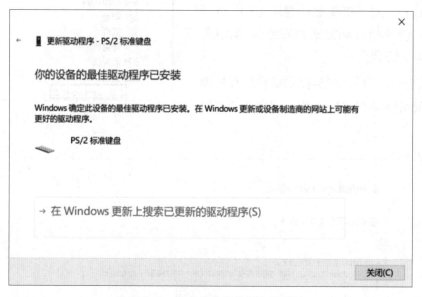

图 3-4-7　系统自动搜索和安装驱动程序

图 3-4-8　完成键盘驱动程序的更新

提示

　　"自动搜索驱动程序"必须在连接网络的情况下进行,"浏览我的电脑以查找驱动程序"则是先将驱动程序下载到本地,再从本地安装驱动程序。

二、硬盘分区大小的调整

如果计算机是固态加机械双硬盘的，当固态硬盘是系统盘且不大于 240 GB 时就不需要对固态硬盘分区了，只需要对机械硬盘分区即可。如果计算机上只有一个硬盘且只有一个分区，或者用户想要调整各个分区的大小或创建更多分区，可以按照下面的步骤进行操作。

1. 右键单击"此电脑"图标，在弹出的快捷菜单中选择"管理（G）"，如图 3-4-9 所示。

2. 在弹出的界面中单击左侧列表中的"存储"→"磁盘管理"，如图 3-4-10 所示，右侧区域为可调整分区的硬盘。

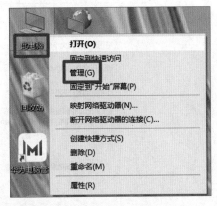

图 3-4-9　选择"管理（G）"

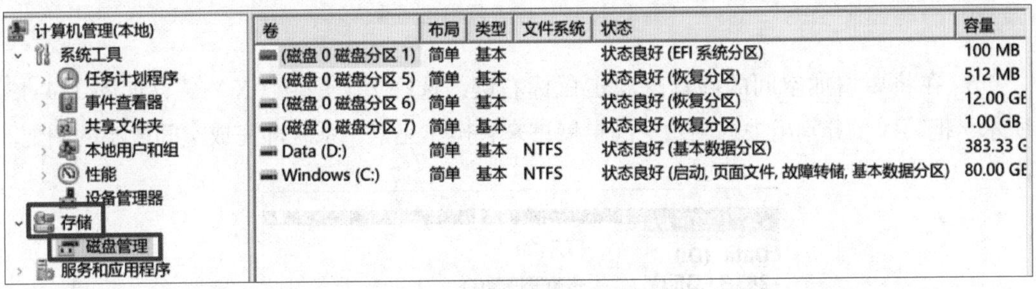

图 3-4-10　选择"磁盘管理"

3. 在将要调整分区的硬盘上单击鼠标右键，选择"压缩卷（H）..."，如图 3-4-11 所示。

图 3-4-11　选择"压缩卷（H）..."

4. 在"输入压缩空间量"处输入将要保留的硬盘空间数值（剩余的会被分割出去成为闲置空间），单击"压缩（S）"按钮，如图 3-4-12 所示。

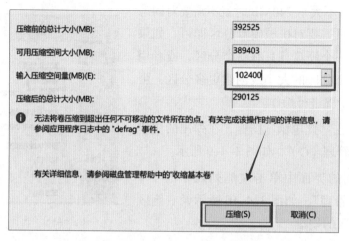

图 3-4-12　输入压缩空间量

5. 在将要增加空间的硬盘上单击鼠标右键，选择"扩展卷（X）..."，如图 3-4-13 所示，把第 4 步分割出去的闲置空间扩展进来，操作完毕，系统即完成空间大小的调配。

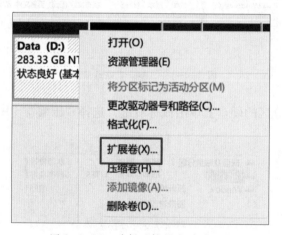

图 3-4-13　选择"扩展卷（X）..."

三、打印机驱动程序的安装

Windows 10 用户可以选择让 Windows 自动为设备下载驱动程序，也可以使用现在流行的驱动下载软件自动下载和安装设备驱动程序。

下面进行设置让 Windows 自动下载设备驱动程序。

1. 在桌面上用鼠标右键单击"此电脑"图标，在弹出的快捷菜单中选择"属性（R）"，再单击"高级系统设置"，打开"系统属性"对话框，如图 3-4-14 所示。

图 3-4-14　"系统属性"对话框

2. 在"系统属性"对话框中单击"硬件"选项卡，这里有"设备管理器（D）"和"设备安装设置（S）"两个按钮，如图 3-4-15 所示，单击"设备安装设置（S）"按钮打开"设备安装设置"对话框。

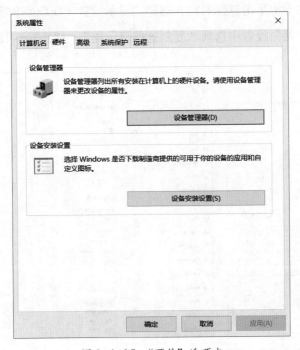

图 3-4-15　"硬件"选项卡

3. 在"设备安装设置"对话框中，可以选择是否要自动下载适合用户设备的制造商应用和自定义图标，如图 3-4-16 所示，如果选中"是（推荐）（Y）"单选按钮，则 Windows 会从 Windows 网站自动下载并安装计算机设备的驱动程序，在有网络的条件下选择自动下载会给用户带来很多方便；如果选中"否（你的设备可能无法正常工作）（N）"单选按钮，则 Windows 将不自动下载适合用户设备的制造商应用和自定义图标。

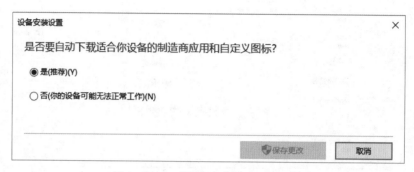

图 3-4-16 "设备安装设置"对话框

四、投影仪的连接和设置

打开计算机和投影仪，将 HDMI 线缆的一端连接到计算机的输出端口，另一端连接到投影仪的输入端口。

1. 在计算机桌面上单击鼠标右键，选择"显示设置（D）"，如图 3-4-17 所示。

2. 在"多显示器"设置中选择"复制这些显示器"，如图 3-4-18 所示。

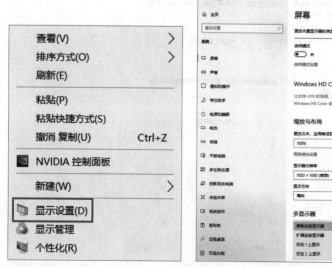

图 3-4-17 选择"显示设置（D）"

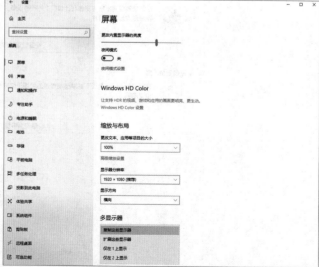

图 3-4-18 选择"复制这些显示器"

3. 查看或更改投影仪的设置，如投影的桌面分辨率等，如图 3-4-19 所示。

图 3-4-19　查看或更改投影仪设置

五、鼠标和键盘的设置

熟练地设置鼠标和键盘，可以获得更好的计算机操作体验。

1. 设置鼠标

（1）单击桌面左下角"开始"菜单图标→"设置"按钮→"轻松使用"，如图 3-4-20 所示。

（2）在左侧列表中单击"鼠标"即可进行鼠标的基础设置，如图 3-4-21 所示。

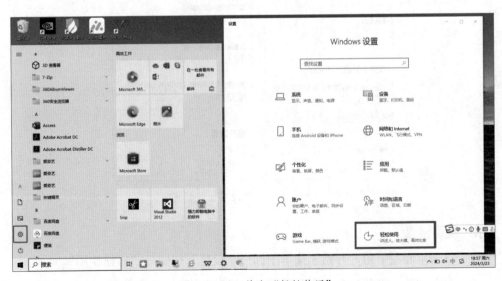

图 3-4-20　单击"轻松使用"

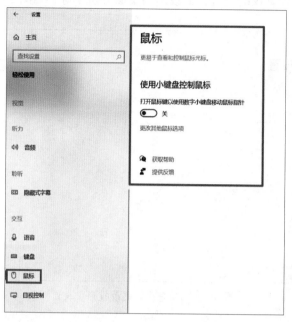

图 3-4-21　单击"鼠标"

（3）单击"更改其他鼠标选项"即可进行鼠标的其他设置，如图 3-4-22 所示。

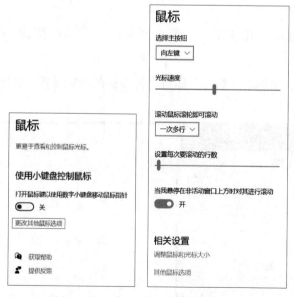

图 3-4-22　单击"更改其他鼠标选项"

2. 设置键盘

（1）单击桌面左下角"开始"菜单图标→"设置"按钮→"轻松使用"。

（2）在左侧列表中单击"键盘"即可进行键盘的设置，如图 3-4-23 所示。

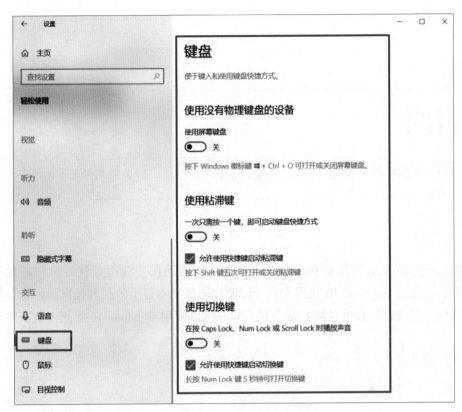

图 3-4-23 单击"键盘"

项目四
Windows 10 实用工具的使用

Windows 10 实用工具是 Windows 10 自带的能帮助用户获得最优计算机使用体验的小工具。通过 Windows 10 实用工具可以调整屏幕文本显示效果和校准显示器显示颜色，当用户在使用计算机且需要帮助时，同样可以使用 Windows 10 实用工具获取帮助信息。

任务 1　显示器显示效果的设置

学习目标

1. 掌握显示分辨率的设置方法。
2. 能完成文本显示大小的更改。
3. 掌握 ClearType 工具的使用方法。
4. 能通过"校准显示器"校准和改善屏幕显示的颜色。

某企业新购买了一批计算机，在使用过程中发现显示效果不够好，需要进行显示器显示效果设置，需完成设置显示分辨率、更改文本显示大小、利用 ClearType 调整字体显示、改善屏幕显示颜色等操作，具体要求如下。

1. 将显示分辨率设置为 1 366×768。

2. 将文本显示大小更改为 150%。

3. 利用 ClearType 工具提高文本可读性。

4. 使用"校准显示器"校准屏幕显示的颜色。

一、分辨率的概念

分辨率是一个度量位图图像内数据量的参数，通常表示为像素 / 英寸（pixels per inch, ppi）和点 / 英寸（dots per inch, dpi），如 72 ppi 表示每英寸包含 72 个像素点。分辨率决定了位图细节的精细程度，通常情况下，分辨率越高，包含的像素点越多，图像就越清晰。

二、分辨率的类型

1. 显示分辨率

显示分辨率是指计算机显示器本身的物理分辨率，显示分辨率对 CRT 显示器而言，是指屏幕上的荧光粉点，对 LCD 显示器来说，是指屏幕上的像素。显示分辨率取决于显示器的大小及其像素设置，通常用"水平像素点数 × 垂直像素点数"的形式表示，如 800×600、1 024×768、1 280×1 024 等。

2. 图像分辨率

图像分辨率是指图像中存储的信息量，即每英寸图像内有多少个像素点，通常以像素 / 英寸（ppi）为单位。图像分辨率和图像大小之间有着密切的关系，图像分辨率越高，所包含的像素点越多，即图像的信息量越大，因此文件也就越大。文件大小与其图像分辨率的平方成正比，如果保持图像尺寸不变，将图像分辨率提高一倍，则其文件大小增大为原来的 4 倍。

3. 打印输出分辨率

打印输出分辨率是指在打印输出时横向和纵向两个方向上每英寸最多能够打印的

点数，通常以点 / 英寸（dpi）为单位。平时所说的打印机分辨率又称最高分辨率，即打印机所能打印的最高分辨率，也就是打印输出的极限分辨率，一般激光打印机的分辨率在 300 dpi 以上。

三、ClearType 工具

ClearType 是 Windows 提供的荧幕字体平滑工具，能让 Windows 字体更加漂亮。ClearType 主要是针对显示器设计的，可提高文字的清晰度，其基本原理是将显示器的 RGB 各个次像素也发光，让其色调进行微妙调整，可以达到实际分辨率以上（横向分辨率的 3 倍）的纤细文字的显示效果。

一、显示分辨率的设置

1. 方法一：通过"开始"菜单设置

（1）单击桌面左下角的"开始"菜单图标→"设置"按钮。

（2）在"设置"窗口中单击"系统"。

（3）在弹出的窗口中单击"显示"，如图 4-1-1 所示。

（4）在"显示"中找到"显示分辨率"，如图 4-1-2 所示。

（5）选择需要的分辨率，即可完成显示分辨率的更改，如图 4-1-3 所示。

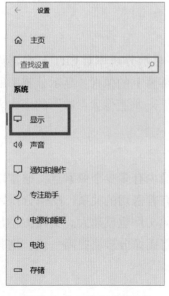

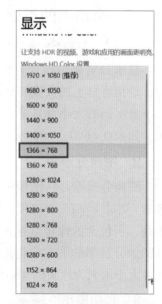

图 4-1-1　单击"显示"　　图 4-1-2　找到"显示分辨率"　　图 4-1-3　选择需要设置的
分辨率

2. 方法二：通过右键快捷菜单设置

在桌面空白处单击鼠标右键，选择"显示设置（D）"，如图3-4-17所示，其余步骤与方法一相同。

提示

> 在设置分辨率时，需要注意以下几点：
> 1. 分辨率的选择应根据显示器的实际支持能力来确定。如果选择的分辨率过高或过低，可能会导致显示效果不佳或无法正常显示。
> 2. 如果在调整分辨率后，发现显示效果不佳或出现其他问题，可以尝试重新选择合适的分辨率或恢复成默认设置。
> 3. 在进行分辨率设置前，应先了解计算机和显示器的硬件配置和支持的分辨率范围，以便更好地选择合适的分辨率。
> 4. 如果在调整分辨率时遇到问题，可以查阅相关的帮助文档或在线资源，也可联系技术支持人员寻求帮助。

二、文本显示大小的更改

1. 单击桌面左下角的"开始"菜单图标→"设置"按钮。

2. 单击"设置"窗口中的"系统"。

3. 单击"高级缩放设置"，再将"允许Windows尝试修复应用，使其不模糊"按钮设置为"开"，如图4-1-4所示。

图4-1-4　高级缩放设置

4. 在"显示"中的"更改文本、应用等项目的大小"（见图 4-1-4）中选择
"150%"，如图 4-1-5 所示，修改后可以实现系统中文本、应用的全局放大显示效果。

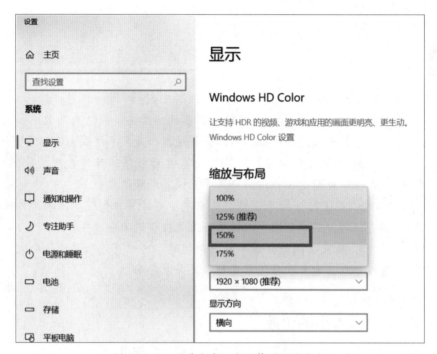

图 4-1-5　更改文本、应用等项目的大小

5. 文本显示大小更改后的桌面效果如图 4-1-6 所示。

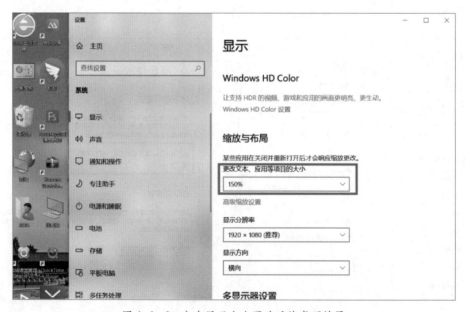

图 4-1-6　文本显示大小更改后的桌面效果

提示

> 同样可在桌面空白处单击鼠标右键，选择"显示设置（D）"，单击"高级缩放设置"，再将"允许 Windows 尝试修复应用，使其不模糊"按钮设置为"开"。

三、ClearType 工具的使用

1. 单击桌面左下角的"开始"菜单图标→"设置"按钮。

2. 单击"设置"窗口中的"个性化"，如图 4-1-7 所示。

图 4-1-7　单击"个性化"

3. 在出现的界面中单击"字体"，如图 4-1-8 所示。

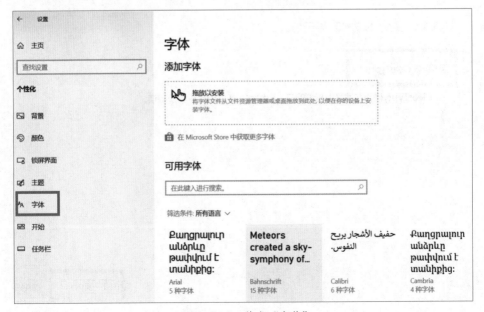

图 4-1-8　单击"字体"

4. 单击"调整 ClearType 文本"，打开"ClearType 文本调谐器"对话框，勾选"启用 ClearType（C）"复选框，单击"下一页（N）"按钮，如图 4-1-9 所示。

5. 继续单击"下一页（N）"按钮，如图 4-1-10 所示。

6. 选择看起来清晰的文本示例，单击"下一页（N）"按钮，按照同样的方法选择其他示例，如图 4-1-11 所示。

7. 设置完成后，单击"完成（F）"按钮，即可完成 ClearType 文本调谐器的设置，如图 4-1-12 所示。

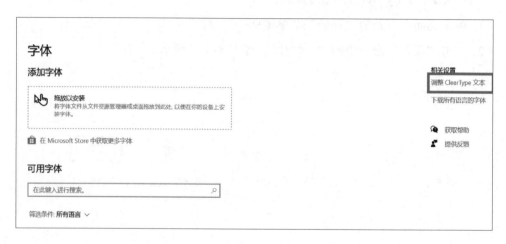

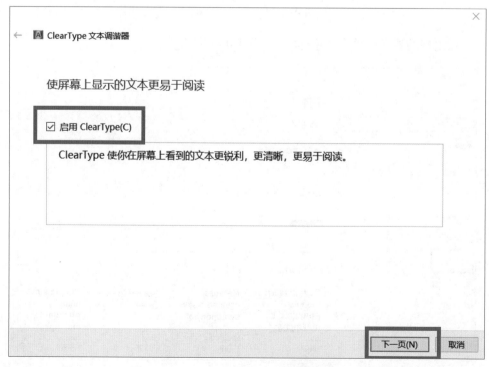

图 4-1-9　ClearType 文本调谐器

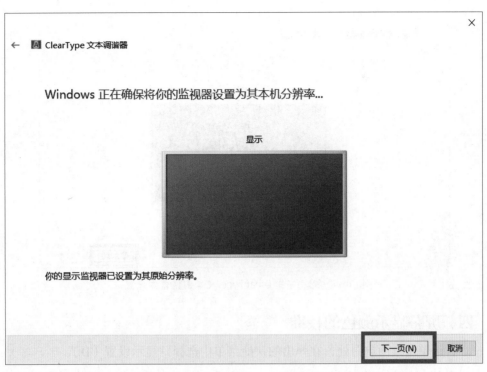

图 4-1-10 单击"下一页（N）"按钮

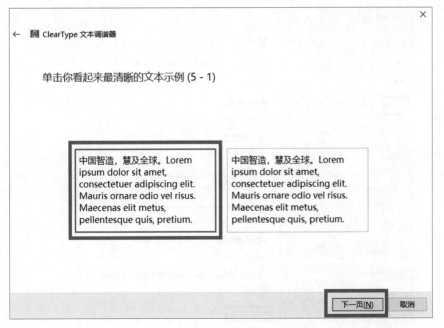

图 4-1-11 选择清晰的文本示例

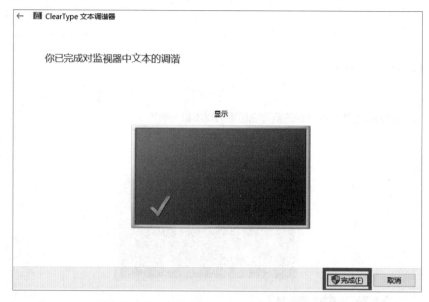

图 4-1-12　完成 ClearType 文本调谐器的设置

四、屏幕显示颜色的校准

1. 右键单击桌面空白处，在弹出的快捷菜单中选择"显示设置（D）"。

2. 在打开的窗口中单击"显示"，向下拖动窗口右侧滚动条，单击"高级显示设置"，如图 4-1-13 所示。

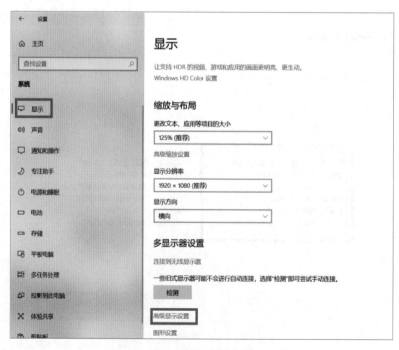

图 4-1-13　单击"高级显示设置"

3. 单击"显示器 1 的显示适配器属性"，弹出对话框，单击"颜色管理"选项卡，单击"颜色管理（M）..."按钮，单击"确定"按钮，如图 4-1-14 所示。

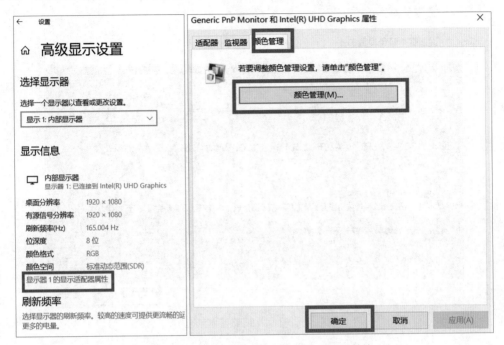

图 4-1-14　设置显示器 1 的显示适配器属性

4. 单击"高级"选项卡，单击"校准显示器（C）"按钮，如图 4-1-15 所示。

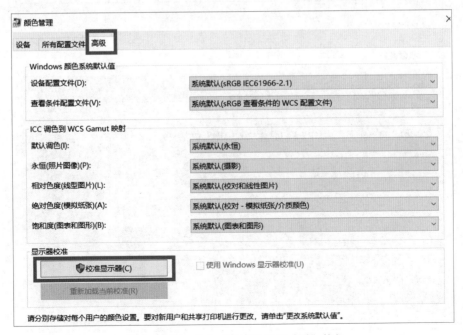

图 4-1-15　单击"校准显示器（C）"按钮

5. 设置基本颜色，单击"下一页（N）"按钮，如图 4-1-16 所示。

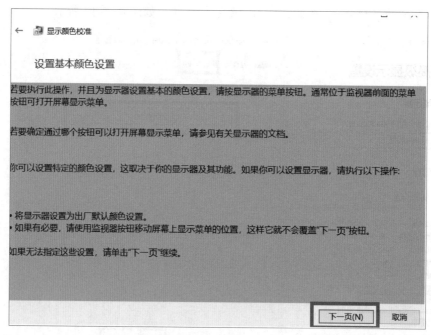

图 4-1-16　设置基本颜色

6. 单击"下一页（N）"按钮，调整伽马，再单击"下一页（N）"按钮，如图 4-1-17 所示。

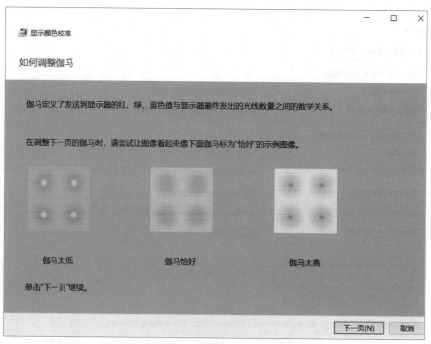

第一步

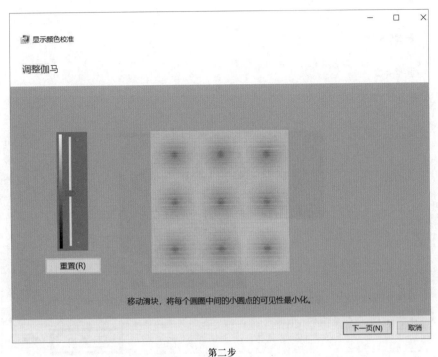

第二步

图 4-1-17 调整伽马

7. 单击"下一页（N）"按钮，调整亮度，再单击"下一页（N）"按钮，如图 4-1-18
所示。

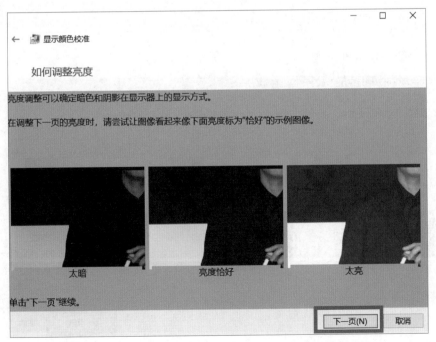

第一步

第二步

图 4-1-18　调整亮度

8. 单击"下一页（N）"按钮，调整对比度，再单击"下一页（N）"按钮，如图 4-1-19 所示。

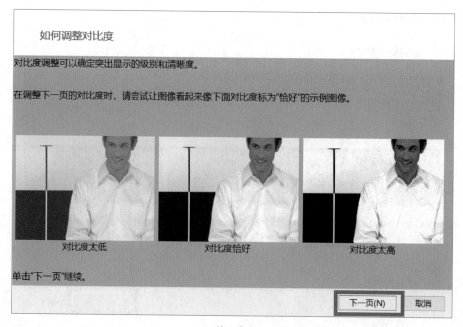

第一步

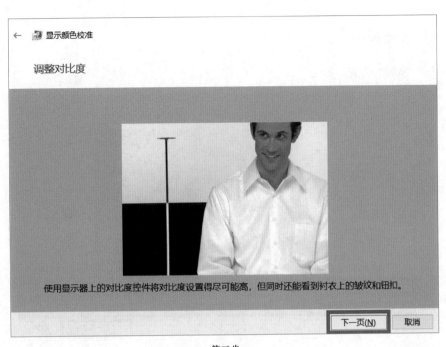

第二步

图 4-1-19　调整对比度

9. 单击"下一页（N）"按钮，调整颜色平衡，再单击"下一页（N）"按钮，如图 4-1-20 所示。

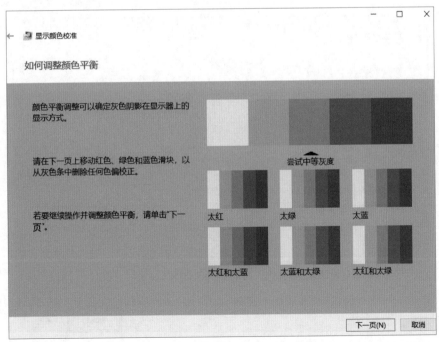

第一步

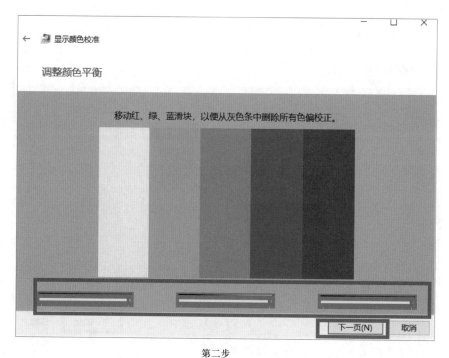

第二步

图 4-1-20　调整颜色平衡

10. 窗口中显示"你已成功创建了一个新的校准"表示完成显示器颜色的校准，如果对校准满意，则可单击"完成（F）"按钮保存，如图 4-1-21 所示。

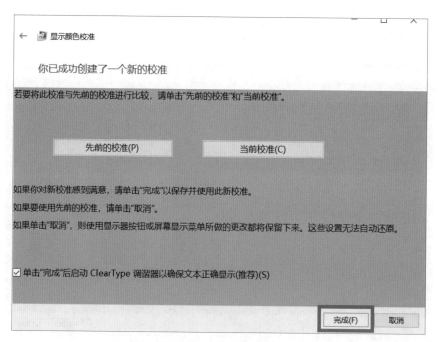

图 4-1-21　保存校准

提示

　　大部分计算机有专门用于调整亮度的组合键，通常是 Fn 键加上一个功能键（如 F7 键用于降低亮度，F8 键用于增加亮度）。如果计算机使用的是 NVIDIA 或其他独立显卡，也可打开相应的控制面板进行亮度和对比度调整。

任务 2　计算机的远程连接

学习目标

1. 了解计算机远程连接的技术和工具。
2. 能在 Windows 10 中启用远程连接并完成远程协助。

任务描述

　　小王同学是信息工程系学生会秘书部干事，主要负责学生档案管理、资料录入等日常信息管理工作。由于工作需要，他在外参加院学生会相关工作，但有名新生来报到，需要录入相关信息。因此他联系了同学小李，希望小李帮助他使用远程连接完成信息的录入，具体要求如下。

　　1. 小李在计算机 A 上启用远程桌面。

　　2. 小王在计算机 B 上使用用户名、密码完成计算机 A 远程桌面的登录。

　　3. 使用远程连接功能在计算机 A 的 D 盘中新建一个名为"学生个人资料"的文件夹，再在新建的"学生个人资料"文件夹中创建"基本资料 .docx"文件。

　　在这个场景中，主要涉及以下人物和操作。

　　小李：操作计算机 A 的学生，需要使用远程计算机连接工具，为小王提供控制计算机的权限。

小王：操作计算机 B 的学生，需要使用计算机 B 远程控制计算机 A 来完成操作。

一、计算机远程连接的基本原理

计算机远程连接是一种通过网络连接两台计算机的技术。其中，一台计算机作为远程计算机，另一台计算机作为本地计算机。用户可以在本地计算机上打开一个远程连接窗口，将其作为远程桌面，显示远程计算机的屏幕和操作界面，并可以通过本地计算机的鼠标和键盘控制远程计算机。

二、计算机远程连接的相关概念

1. 远程协助

远程协助是 Windows 附带提供的一种简单的远程控制方法。通过远程协助，用户可以向他人发出协助请求，在获得对方同意后即可进行远程协助，远程协助过程中被协助方的计算机将暂时受协助方（在远程协助程序中被称为专家）的控制，专家可以在被控计算机中完成系统维护、软件安装、计算机中的某些问题处理，或者向被协助方演示某些操作。

2. 远程桌面

远程桌面是远程连接的一种实现方式，它允许用户通过网络连接到另一台计算机的桌面，并在该桌面上进行各种操作，就像在本地计算机上一样。通过远程桌面，用户可以访问远程计算机上的应用程序、文件和资源。

 提示

> 远程协助：别人协助本机，远程协助是主动式的，需要向对方提出协助请求，对方同意后即可登录计算机，协助操作解决问题。
>
> 远程桌面：被协助方在远程计算机上启用远程桌面，协助方可通过远程桌面连接在自己的计算机上操作远程计算机，就好像坐在那台计算机前一样。

3. 权限

在进行远程连接前，必须确保拥有足够的权限访问目标计算机。这通常涉及用户名和密码的验证以及目标计算机上设置的访问权限。

4. 远程连接软件

这是实现远程连接的关键。远程连接软件允许用户通过网络远程访问和操作另一台计算机。常见的远程连接软件包括 Windows 自带的"远程桌面连接"（Remote Desktop Connection）、TeamViewer、AnyDesk、VNC（Virtual Network Console）等。

5. 远程连接协议

远程连接协议是计算机远程连接的基础，它定义了远程计算机和本地计算机之间如何建立连接、传输数据和控制信息。常见的远程连接协议包括 RDP（远程桌面协议）、SSH（安全外壳）协议等。

6. 安全性

由于远程连接涉及数据传输和访问控制，因此安全性是远程连接时的一个重要的考虑因素。使用加密协议、强密码策略、防火墙和 VPN（虚拟专用网络）等技术可以增强远程连接的安全性。

三、启用远程桌面的方式

在 Windows 10 中启用远程桌面有以下几种方法：

1. 通过"设置"窗口在 Windows 10 中启用远程桌面。

2. 使用控制面板在 Windows 10 中启用远程桌面。

3. 在"此电脑"→"属性"中启用远程桌面。

4. 使用组策略编辑器启用远程桌面。

5. 使用命令行方式启用远程桌面。

本书详细讲解前两种方法的操作步骤。

任务实施

一、远程桌面的启用

1. 方法一：通过"设置"窗口在 Windows 10 中启用远程桌面

通过"设置"窗口在 Windows 10 中启用远程桌面，需要执行以下操作步骤。

（1）在计算机 A 中单击"开始"菜单图标→"设置"按钮→"系统"→"远程桌面"，如图 4-2-1 所示。

（2）打开"启用远程桌面"按钮，单击"确认"按钮，如图 4-2-2 所示。

（3）在"高级设置"中还可以进行其他相关的设置，如图 4-2-3 所示。

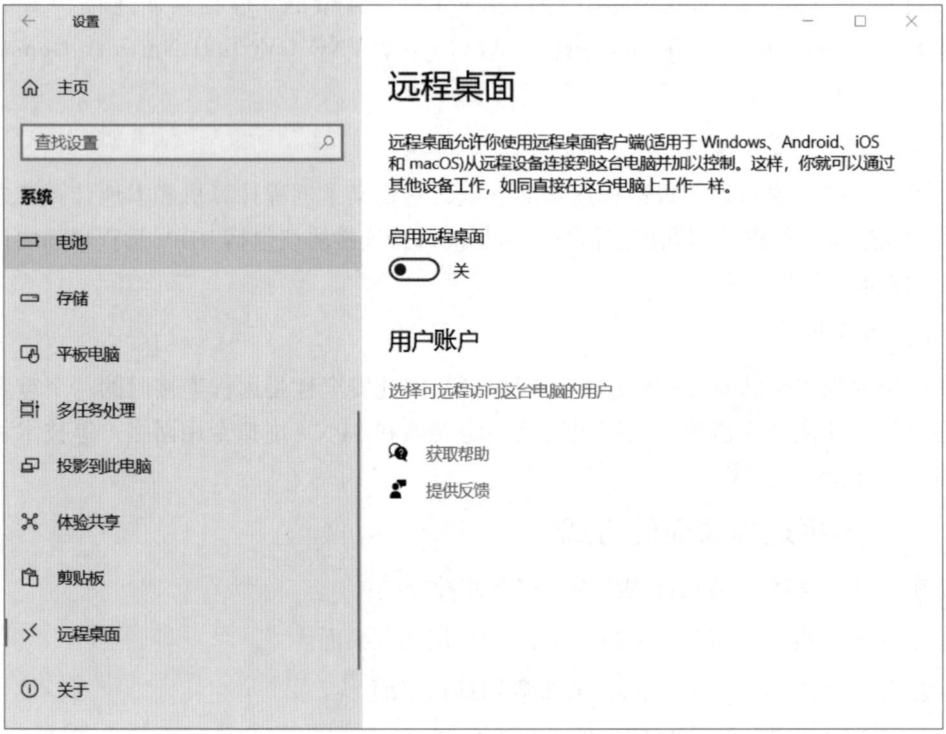

图 4-2-1　单击"远程桌面"

图 4-2-2　打开"启用远程桌面"按钮

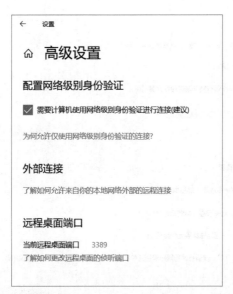

图 4-2-3　高级设置

2. 方法二：使用控制面板在 Windows 10 中启用远程桌面

使用控制面板在 Windows 10 中启用远程桌面，需要执行以下操作步骤。

（1）在计算机 A 中打开控制面板，单击"系统和安全"，单击"系统"中的"允许远程访问"，如图 4-2-4 所示。

图 4-2-4　允许远程访问

（2）在弹出的"系统属性"对话框中，将"远程"选项卡中的"远程协助""远程桌面"设置为允许，单击"应用（A）"按钮即可完成设置，如图 4-2-5 所示。

图 4-2-5 "系统属性"对话框

提示

启用远程连接可能导致计算机被入侵，在不需要的时候建议不要轻易启用远程连接。

二、远程桌面的连接

1. 在计算机 B 中按 Windows+R 组合键弹出"运行"对话框，输入"mstsc"，如图 4-2-6 所示。进入"远程桌面连接"窗口，输入需要连接的计算机的 IP 地址，如图 4-2-7 所示。

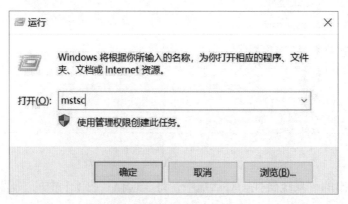

图 4-2-6 "运行"对话框

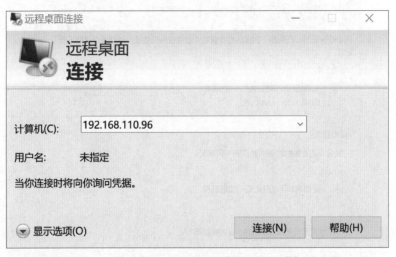

图 4-2-7　"远程桌面连接"窗口

2. 输入需要连接的计算机的用户名和密码，完成登录，如图 4-2-8 所示。

3. 弹出连接提示，单击"是（Y）"按钮即可，如图 4-2-9 所示。

4. 远程连接完成后，在远程计算机的 D 盘中新建一个文件夹，将其重命名为"学生个人资料"，在此文件夹中新建一个文件，将其重命名为"基本资料.docx"，最终完成效果如图 4-2-10 所示。

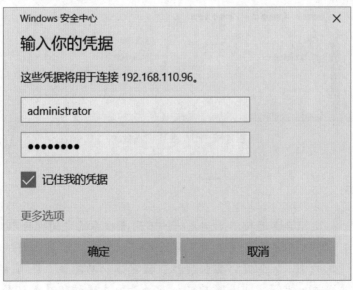

图 4-2-8　输入凭据

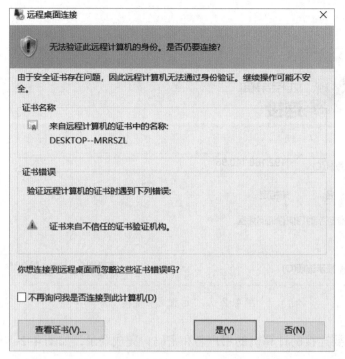

图 4-2-9　连接提示

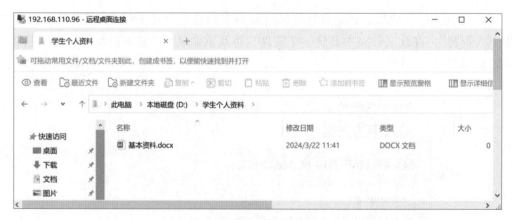

图 4-2-10　最终完成效果

提示

　　远程桌面连接不限制系统，不同操作系统之间也可以完成连接。Windows自带的远程桌面工具虽然可以在一定程度上解决用户远程使用的需求，但是，在快捷性、稳定性和功能性上还有所欠缺。想要更快、更稳定以及多功能、多场景地实现远程桌面连接，需要使用专业的远程桌面软件。

任务3　附件工具的使用

1. 了解 Windows 10 中常用的附件工具及其应用场景。

2. 能熟练使用 Windows 10 中常用的附件工具，如便笺、画图、计算器、截图工具以及辅助工具等。

小王同学是信息工程系学生会秘书部干事，主要负责学生档案管理、资料录入等日常信息管理工作。由于工作需要，他经常会用到计算机中的附件工具，例如，使用便笺工具记录每天的工作任务，使用画图工具处理图片，使用计算器工具计数，使用截图工具截图以及使用放大镜等辅助工具来应对日常工作，具体要求如下。

1. 在桌面上创建一个新的便笺，输入今日待办事项，将便笺的颜色设置为粉色，更改其大小，完成事项后删除该便笺。

2. 使用画图工具绘制圆角矩形，打开一张图片并在图片上添加文字"努力拼搏"。

3. 使用计算器工具完成英里与千米的换算。

4. 使用截图工具截取任意图片，并在截图上进行绘制，将其保存在 F 盘中的"图片"文件夹中，并将其命名为"截图"，格式为 JPEG 文件。

5. 打开并关闭放大镜，使用屏幕键盘，并显示出数字小键盘。

在 Windows 10 中，一些重要的工具被放置在附件中，用户可以更方便地使用。那么，在 Windows 10 的附件中有哪些常用的工具呢？

一、便笺工具

Windows 10 中的便笺工具是一个内置于操作系统中的小型应用程序，用于创建简单的文本便笺，可以用来记录备忘、待办事项或者其他简短的信息。通过"便笺"应用程序，用户可以轻松地创建、编辑和保存便笺，方便日常生活中的记录和提醒。

二、画图工具

Windows 10 中的画图工具也被整合到了附件中，可以帮助用户浏览和编辑图片。这个应用程序支持各种图像格式，如 JPEG、PNG、BMP 等。用户可以使用它裁剪、旋转图像以及改变图像的颜色效果。同时，用户还可以利用画图工具方便地添加文本、边框和各种图形元素。

三、计算器工具

Windows 10 中的计算器工具是一个非常全面的科学计算器，它可以计算日期、度数、长度、质量、体积、速度等不同类型的数据。此外，计算器工具还支持带括号的公式和基本的三角函数计算，用户还可以使用它来进行单位换算并将其保存在历史记录中。

四、截图工具

在 Windows 10 中，有一个内置的截图工具叫 Snipping Tool。用户可以使用此工具截取屏幕上的任意部分，包括整个窗口、矩形区域、自由形状区域或特定对象，并将截图保存为图片文件。同时，用户可以使用此工具捕捉屏幕上的内容，以便进行标注、保存或分享。

五、辅助工具

Windows 10 中的辅助工具又叫"Windows 轻松使用"，可以帮助用户提高工作效率、改善可访问性或解决特定问题，如放大镜、屏幕键盘等，这些辅助工具旨在提供更加便捷和友好的服务，帮助用户克服一些视力、听力、运动能力或认知障碍，使他们能够更轻松地使用计算机进行工作和生活。

一、便笺工具的使用

1. 创建便笺

（1）在"开始"菜单的程序列表中找到"便笺"，或者使用 Windows + S 组合键启动搜索，输入"便笺"，单击此程序可以打开便笺工具。

（2）单击左上角的"+"按钮可以快速新建便笺，如图 4-3-1 所示。

（3）在打开的便笺上，可以直接用键盘输入文字。如果计算机支持触控笔，也可以使用触控笔进行涂画，但不能在同一个便笺上同时使用键盘输入文字和触控笔涂画。

图 4-3-1　新建便笺

2．更改便笺的颜色

打开一个便笺后，单击右上角的"…"按钮，可以更改便笺颜色，如图4-3-2所示。

3．更改便笺的大小

将鼠标光标悬停在便笺窗口边缘，在鼠标光标变为双向箭头形状后，按住鼠标左键并拖动鼠标，可以更改便笺的大小。

4．删除便笺

打开一个便笺后，单击右上角的"…"按钮，选择"删除笔记"，弹出确认提醒，单击"删除"按钮即可删除便笺，如图4-3-3所示。

图4-3-2　更改便笺颜色

图4-3-3　删除便笺

提示

还可以通过便笺列表删除便笺，右键单击要删除的便笺，选择"删除笔记"即可。

二、画图工具的使用

1．启动画图工具

在"开始"菜单的程序列表中找到并单击"Windows附件"→"画图"，如图4-3-4所示，便可打开画图工具。也可以按Windows+S组合键启动搜索，输入"画图"或者"mspaint"找到画图工具。

2．在新画布上绘制形状

启动画图工具后将会自动创建一个新的画板。画图工具中包含一系列绘图选项，有橡皮擦、颜色选取器、放大镜、铅笔、刷子、填充、文本以及预设的形状等。在"主页"→"形状"组中选择一个形状后，按住鼠标左键在画布上拖动，可以快速插入一个形状，如图4-3-5所示，选择铅笔、刷子等工具后可以在画布上任意涂画。

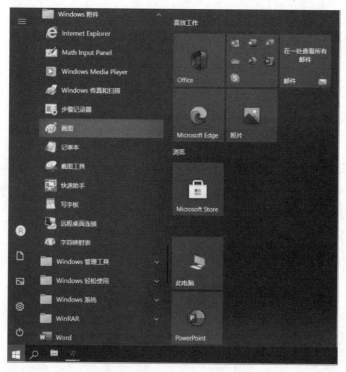

图 4-3-4　单击"画图"

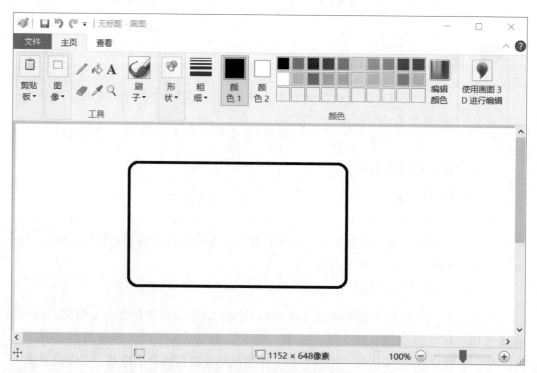

图 4-3-5　插入形状

3. 打开图片文件

单击"文件"菜单→"打开（O）"，如图4-3-6所示，在弹出的"打开"对话框中选择想要打开的文件，单击"打开（O）"按钮即可将图片载入画布，之后可在原图片基础上进行绘画。

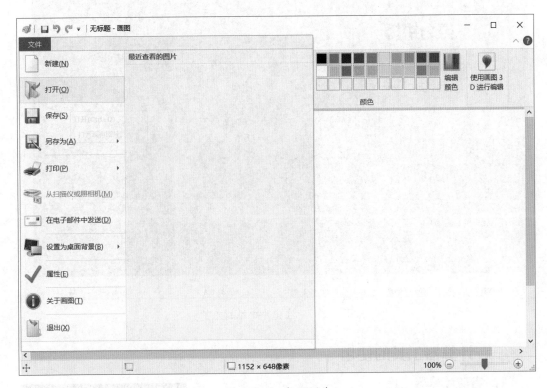

图 4-3-6 打开图片

4. 在图片中添加文字

（1）单击"主页"→"工具"组中的"文本"按钮。

（2）在想要插入文字的位置按住鼠标左键并拖动，即可在弹出的文本框中输入文字。

（3）在"文本工具"→"文本"选项卡中有一些文本选项，可以更改字体、字号、文本框背景是否透明等。

（4）设置完成后单击文本框外任意区域即可确认添加，如图4-3-7所示。

5. 保存图片

单击窗口上方的"保存"按钮可以保存图片。对于首次创建的图片，在打开的"另存为"对话框中选择文件保存位置并输入文件名后，单击"保存（S）"按钮即可确认保存。

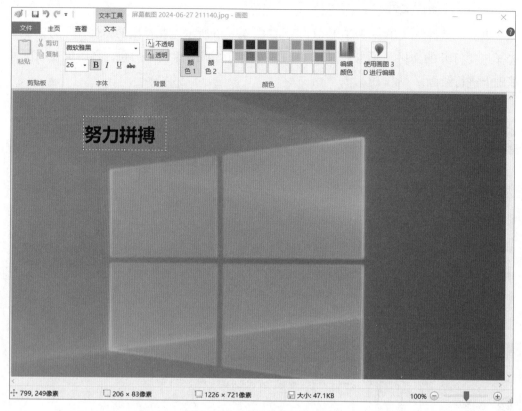

图 4-3-7　在图片中添加文字

三、计算器工具的使用

1. 启动计算器工具

在"开始"菜单的程序列表中找到并单击"计算器"即可打开计算器工具，也可以按 Windows+S 组合键启动搜索，输入"计算器"或者"calc"找到计算器工具并将其打开，如图 4-3-8 所示。

2. 切换模式

计算器工具提供了多种模式，如"标准"模式（适用于基本数学）、"科学"模式（适用于高级计算）、"绘图"模式（适用于绘制函数图）、"程序员"模式（适用于二进制代码）、"日期计算"模式（适用于日期处理）和"转换器"模式（适用于转换测量单位）。如果要切换模式，则可以单击"打开导航"按钮，从下拉列表中选择要进入的模式。

图 4-3-8　启动计算器工具

提示

通常，应根据不同的应用场景确定使用哪种模式的计算器工具。

3. 计算

在计算器工具中可以使用鼠标单击或者键盘输入的方式进行计算，如图 4-3-9 所示。

4. 保存

在"标准""科学"和"程序员"模式下，数字将被保存到"记忆"列表中。单击"MS"可以将新的数字保存到"记忆"列表中；单击"MR"可以从"记忆"列表中检索该数字；若要显示"记忆"列表，则单击"M∨"；若要加减"记忆"列表中的某个数字，则单击"M+"或"M–"；若要清除"记忆"列表，则单击"MC"。

5. 转换单位

（1）单击"打开导航"按钮，在下拉列表中的"转换器"中选择想要转换的数据类型，如"长度"。

（2）在单位名称的下拉列表中选择想要转换的长度单位，如"英里"和"千米"。

图 4-3-9　用计算器工具进行计算

（3）用键盘输入或鼠标单击数值，窗口将会自动更新转换后的数值及其单位，同时会显示相关的小知识。

四、截图工具的使用

1. 启动截图工具

在"开始"菜单的程序列表中找到并单击"Windows 附件"→"截图工具"，如图 4-3-10 所示，即可打开截图工具，或者按 Windows+S 组合键启动搜索，输入"截图工具"即可找到截图工具。

2. 捕获截图

在截图工具中，单击"模式（M）"按钮可以选择所需的截图模式，单击"新建（N）"按钮，如图 4-3-11 所示，屏幕会被冻结，此时按住鼠标左键并拖动鼠标选择要捕获的屏幕区域即可。

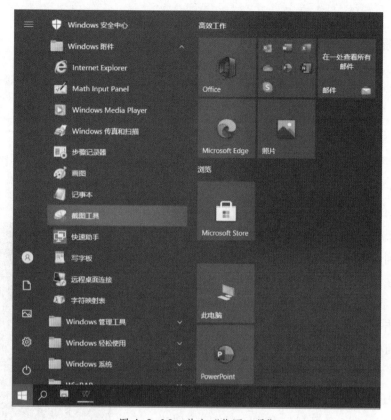

图 4-3-10　单击"截图工具"

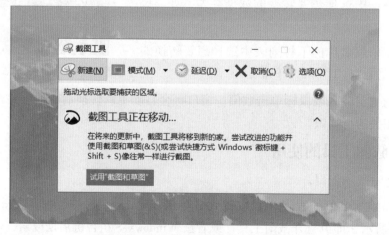

图 4-3-11　单击"新建（N）"按钮

3. 编辑截图

选择捕获区域后，截图工具中会显示所截取的图像，并提供画笔工具以供修改。通过单击"笔"或"荧光笔"按钮可以在截图上或截图周围书写或绘画，如图 4-3-12 所示，通过单击"橡皮擦"按钮可删除已绘制的线条。

图 4-3-12　编辑截图

4. 保存截图

单击工具栏中的"保存截图"按钮或单击"文件（F）"菜单→"另存为（A）…"，弹出"另存为"对话框，选择 F 盘中的"图片"文件夹，输入文件名为"截图"，选择保存类型为"JPEG 文件（*.JPG）"，单击"保存（S）"按钮，即可将截图保存为一个文件，如图 4-3-13 所示。

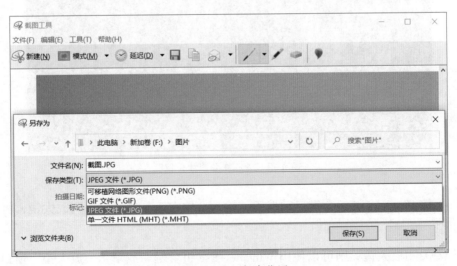

图 4-3-13　保存截图

五、辅助工具的使用

Windows 为了使用户能够应对一些不方便的情况，提供了一些辅助工具，这些工具大多放在"开始"菜单中的"Windows 轻松使用"文件夹中。

1. 放大镜

打开放大镜的方法如下。

（1）按 Windows+ 加号（+）组合键。

（2）在"开始"菜单中的程序列表中找到并单击"Windows 轻松使用"→"放大镜"，如图 4-3-14 所示，即可启动放大镜。

图 4-3-14 单击"放大镜"

（3）按 Windows+S 组合键启动搜索，输入"放大镜"也可以找到放大镜，将放大镜打开。

若要关闭放大镜，则可以使用 Windows+Esc 组合键，或单击"放大镜"窗口（见图 4-3-15）中的"关闭"按钮；若要进行画面的缩放，可直接单击工具栏中的"+"和"−"按钮，或在按住 Ctrl + Alt 组合键的同时滚动鼠标滚轮。

图 4-3-15　"放大镜"窗口

单击"放大镜"窗口中右下角的"设置"按钮，再单击"转到'设置'"，在弹出的窗口中可更改放大镜视图，如图 4-3-16 所示。

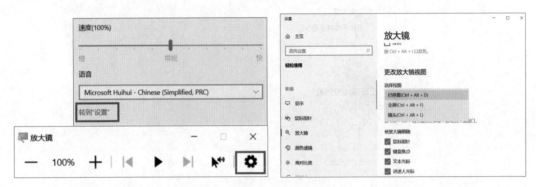

图 4-3-16　更改放大镜视图

2．屏幕键盘

（1）启动屏幕键盘

在"开始"菜单的程序列表中找到并单击"Windows 轻松使用"→"屏幕键盘"即可打开屏幕键盘，也可以使用 Windows+S 组合键启动搜索，输入"屏幕键盘"打开屏幕键盘。此时屏幕上会出现一个键盘，如图 4-3-17 所示，用户可通过鼠标单击或者触摸上面的按键输入文本，可以随意拖动该键盘窗口位置。

图 4-3-17　屏幕键盘

（2）设置屏幕键盘

打开屏幕键盘后，单击"选项"键，在弹出的"选项"对话框中可进行相关设置，如图 4-3-18 所示。勾选"打开数字小键盘（D）"复选框，即可显示数字小键盘，如图 4-3-19 所示。

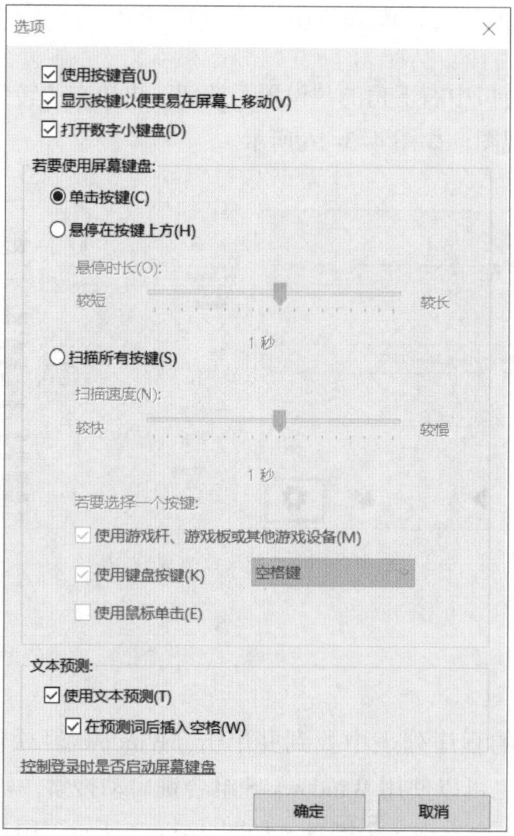

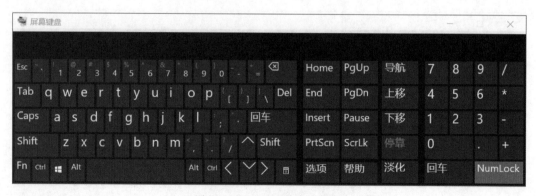

图 4-3-18 "选项"对话框

图 4-3-19 显示数字小键盘

任务4　多媒体娱乐工具的应用

1. 能进行音乐和视频的播放。
2. 能正确使用照片查看器。
3. 掌握视频剪辑工具的使用方法。

小王同学是信息工程系学生会秘书部干事，由于工作需要，他经常要通过简单的操作完成视频观看、照片查看、视频剪辑等工作，满足利用计算机进行照片、视频整理的需要，具体要求如下。

1. 在 Windows 10 中通过自带软件进行音乐和视频的播放，并进行相应设置。

2. 使用 Windows 10 自带软件查看照片，并进行相关操作。

3. 使用 Windows 10 自带软件进行基本的视频剪辑处理。

一、Windows Media Player 的概念

Windows Media Player 通常被称为 WMP，是一款 Windows 10 自带的免费播放器。用户可以通过它轻松管理计算机上的数字音乐库、数字照片库和数字视频库，享受将收藏轻松地带到任何地方的乐趣。

二、Windows Movie Maker 的概念

Windows Movie Maker 是 Windows 10 自带的一款视频编辑和制作软件，用户可通过导入视频、图片、音乐等简单操作，进行视频的编辑与制作，同时还可以为视频添加视觉效果、过渡特效等，使视频效果更丰富、生动，在制作完成后，用户可通过网络、电子邮件分享制作的视频。

一、音乐和视频的播放

1. 启动 Windows Media Player

在"开始"菜单中单击"Windows Media Player"，即可启动 Windows Media Player，如图 4-4-1 所示。

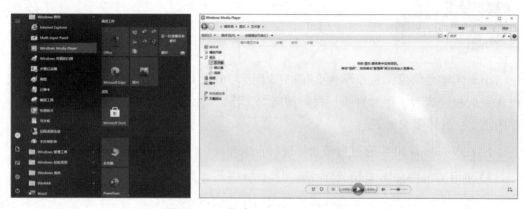

图 4-4-1　启动 Windows Media Player

2. 创建播放列表

（1）单击"单击此处"即可弹出新的播放列表，如图 4-4-2 所示。

（2）将新添加的播放列表的名称修改为"老歌"，即可完成播放列表的创建，如图 4-4-3 所示。

（3）将计算机中"音乐"文件夹中的音乐文件拖入"老歌"播放列表中，单击"保存列表（S）"按钮，如图 4-4-4 所示。

3. 管理播放列表

（1）调整播放列表中文件的顺序

在播放列表中选中要调整顺序的文件，按住鼠标左键将文件拖动到合适位置后，松开鼠标左键即可，如图 4-4-5 所示。

（2）删除播放列表中的文件

右键单击播放列表中要删除的文件，在弹出的快捷菜单中选择"从列表中删除（M）"，相应的文件即可被删除。

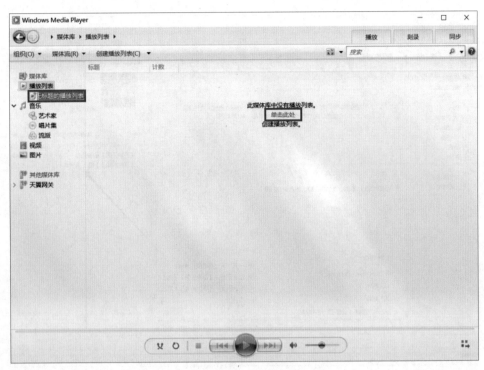

图 4-4-2　单击"单击此处"

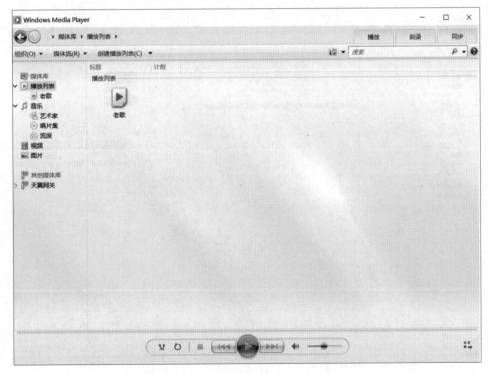

图 4-4-3　将播放列表名称修改为"老歌"

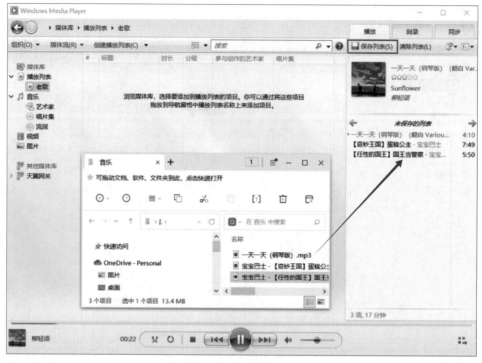

图 4-4-4　将音乐文件拖入播放列表中并保存

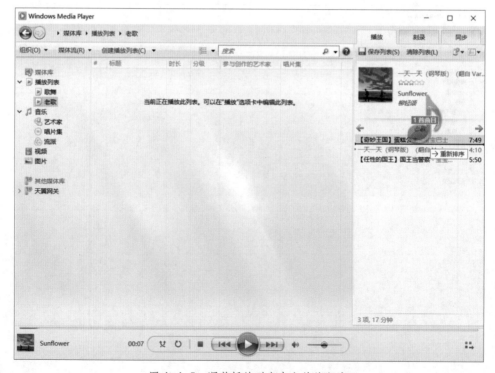

图 4-4-5　调整播放列表中文件的顺序

（3）将播放列表中的文件添加到其他播放列表中

右键单击播放列表中的文件，在弹出的快捷菜单中选择"添加到（T）"，在弹出的子菜单中选择要添加到的播放列表，或选择"其他播放列表（A）..."，这里选择添加到"歌舞"播放列表，如图4-4-6所示。

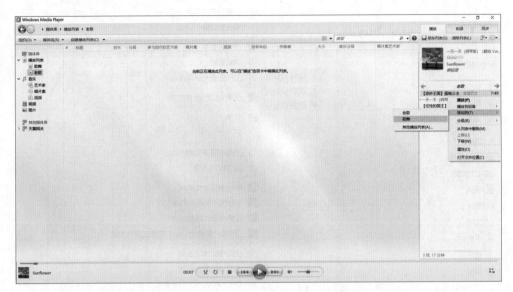

图4-4-6　将播放列表中的文件添加到其他播放列表中

4. 播放音乐

可通过以下方法播放音乐。

（1）在播放列表中双击文件播放

在Windows Media Player主界面的播放列表中双击需要播放的音乐，即可开始播放。

（2）通过"打开"命令播放

在Windows Media player主界面中，右键单击界面右下角的空白处，在弹出的快捷菜单中选择"文件（F）"→"打开（O）"。在弹出的"打开"对话框中选择要播放的音乐，单击"打开（O）"按钮即可播放此音乐。

（3）在本地文件夹中播放

在"音乐"文件夹中选中要播放的音乐后单击鼠标右键，在弹出的快捷菜单中选择"使用Windows Media player播放（P）"，即可启动Windows Media player并开始播放选中的音乐，如图4-4-7所示。

5. 调整播放效果

在播放界面中单击鼠标右键，在弹出的快捷菜单中选择"可视化效果（Z）"→"条形与波浪"→"烈焰"，即可调整播放效果，如图4-4-8所示。

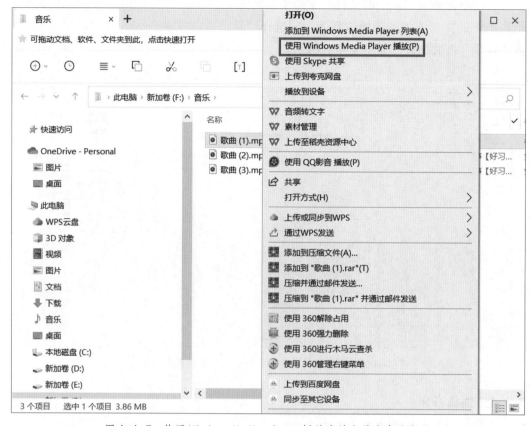

图 4-4-7 使用 Windows Media player 播放本地文件夹中的音乐

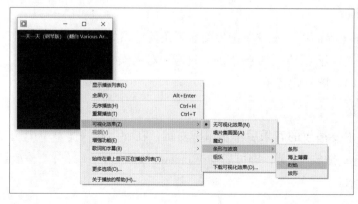

图 4-4-8 调整播放效果

6. 播放视频

在 Windows Media Player 中也可以播放视频，如图 4-4-9 所示，将视频拖入播放列表中并双击即可进行播放。

图 4-4-9　播放视频

7. 将 Windows Media Player 设为默认播放器

选中要播放的视频或音频文件，单击鼠标右键，选择"打开方式（H）"→"选择其他应用（C）"，在弹出的对话框中选择"Windows Media Player"，勾选"始终使用此应用打开 .mp3 文件"复选框，单击"确定"按钮，即可将其设置为默认播放器，如图 4-4-10 所示。

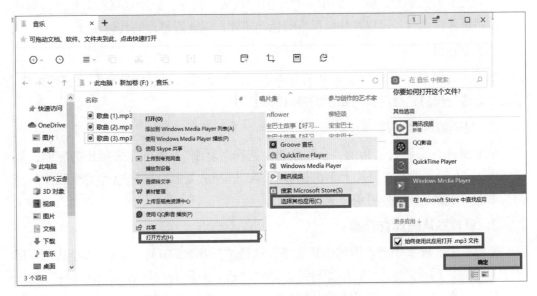

图 4-4-10　设置默认播放器

二、照片查看器的使用

1. 查看照片

（1）打开照片

在文件资源管理器中，右键单击要查看的图片，在弹出的快捷菜单中选择"打开方式（H）"→"照片"，如图 4-4-11 所示。

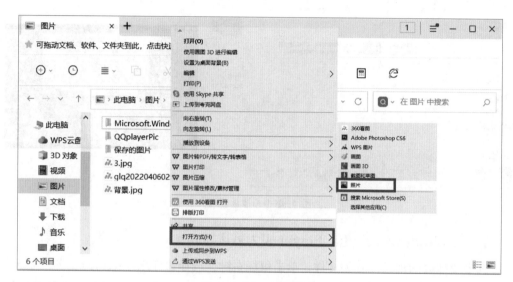

图 4-4-11　打开照片

（2）调整照片显示大小

如果想要放大照片，则可以单击"缩小""放大"按钮，或滚动鼠标滚轮进行缩放操作。将照片放大后，可以按住鼠标左键拖动照片，以查看照片的其他部分。

（3）旋转照片

如果照片的显示方向与正常显示方向不同，那么可以通过旋转的方式进行调整，单击"旋转"按钮，可以看到照片旋转后的效果。

2. 复制或删除照片

单击照片查看器右上角的"…"按钮，选择"复制"，即可完成照片的复制，如图 4-4-12 所示，或者在照片上单击鼠标右键，选择"复制"同样也可实现照片的复制。单击"删除"按钮即可快速删除照片。

3. 设置默认图片查看器

右键单击文件夹中要查看的照片文件，选择"打开方式（H）"→"选择其他应用（C）"，在弹出的对话框中选择"照片"，勾选"始终使用此应用打开 .jpg 文件"复选框，单击"确定"按钮，即可将其设置为默认图片查看器，如图 4-4-13 所示。

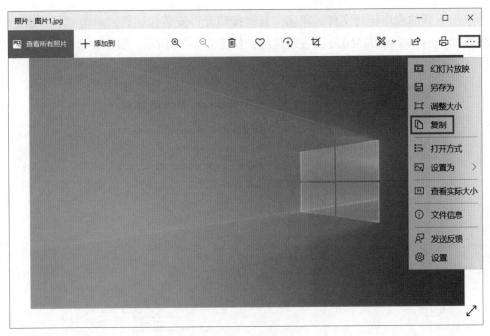

图 4-4-12　复制照片

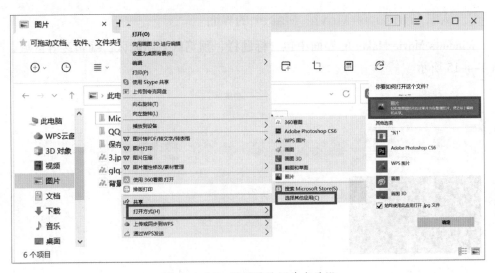

图 4-4-13　设置默认图片查看器

三、视频剪辑工具的使用

　　大部分 Windows 10 没有预装 Windows Movie Maker，需要用户从网络中下载安装后才能使用。

1. 安装 Windows Movie Maker

双击下载的程序运行文件，单击"是"按钮允许安装包运行，单击"下一步（N）"按钮继续 Windows Movie Maker 的安装进程，如图 4-4-14 所示，根据提示即可完成安装。

图 4-4-14　安装 Windows Movie Maker

2. 认识 Windows Movie Maker 的界面

Windows Movie Maker 的界面中包含标题栏、预览区、功能区、编辑区等区域，如图 4-4-15 所示。

图 4-4-15　Windows Movie Maker 的界面

3. 导入素材

单击"添加视频和照片"按钮，在弹出的对话框中可以选择需要添加的图片或视频素材，如图4-4-16所示，单击"打开（O）"按钮，即可完成素材的导入，效果如图4-4-17所示。

图4-4-16　选择素材

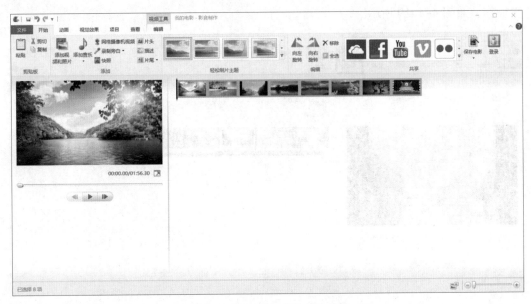

图4-4-17　导入素材后的效果

4．编辑素材

（1）选择需要调整顺序的素材，按住鼠标左键并拖动图片即可调整素材的前后顺序，如图 4-4-18 所示。

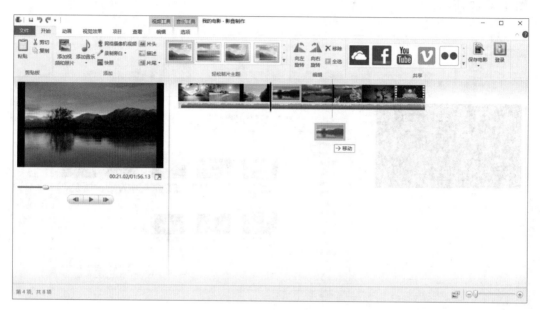

图 4-4-18　调整素材的前后顺序

（2）选择需要编辑的素材，在"视频工具"→"编辑"选项卡中可对素材进行编辑操作，如图 4-4-19 所示。

图 4-4-19　编辑素材

5．添加视频的视觉效果

选择要添加视觉效果的视频或图片，单击"视觉效果"选项卡。

（1）单击列表框右侧的下拉按钮，在下拉列表中选择"动作和淡化"组中的"扭曲"效果，如图4-4-20所示。

（2）在下方的预览区中可以看到添加的效果。

（3）按照同样的方法为其他视频或图片添加视觉效果。

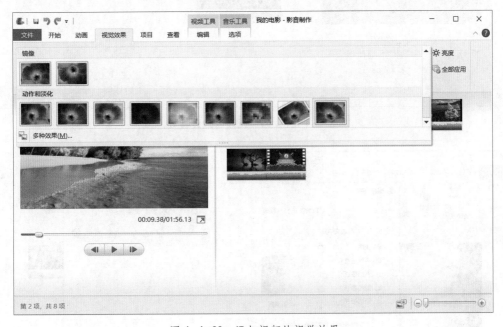

图4-4-20　添加视频的视觉效果

6．添加视频过渡特效

（1）选择要添加过渡特效的视频或图片，单击"动画"→"过渡特效"组中列表框右侧的下拉按钮，在下拉列表中选择"布局和形状"组中的"圆形"效果，如图4-4-21所示。

（2）按照同样的方法，为其他需要添加过渡特效的视频或图片添加过渡特效。

（3）视频制作完成后，单击预览区中的播放按钮即可欣赏视频。

7．保存电影

（1）通过快速访问工具栏中的"保存"按钮保存电影

单击标题栏左侧的快速访问工具栏中的"保存"按钮，弹出"保存项目"对话框，设置保存位置并输入文件名，单击"保存（S）"按钮即可保存电影，如图4-4-22所示。

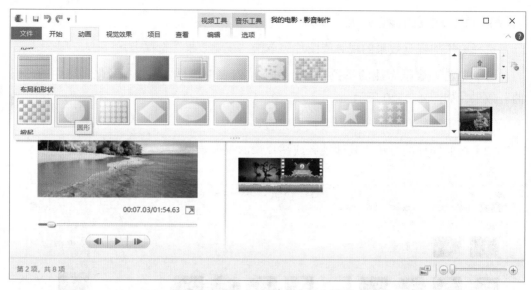

图 4-4-21　添加视频的过渡特效

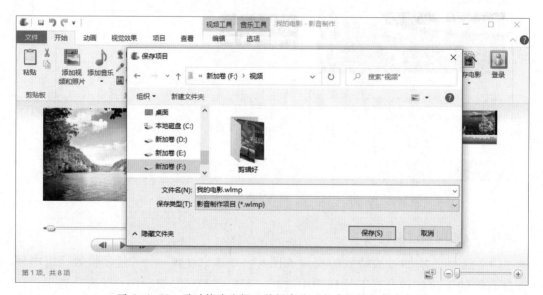

图 4-4-22　通过快速访问工具栏中的"保存"按钮保存电影

（2）通过"文件"菜单保存电影

单击"文件"菜单，选择"保存项目（S）"或"将项目另存为（A）"，弹出"保存项目"对话框，设置保存位置并输入文件名，单击"保存（S）"按钮即可，如图 4-4-23 所示。

（3）通过"开始"→"保存电影"按钮保存电影

1）在"开始"→"共享"组中单击"保存电影"下拉按钮，在弹出的下拉菜单中选择"建议该项目使用（J）"。

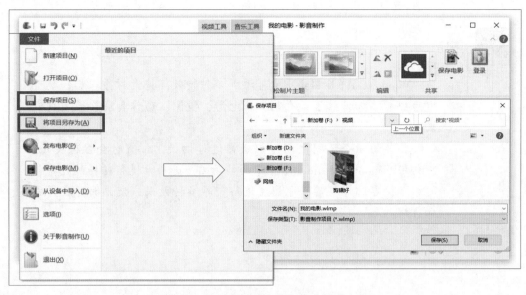

图 4-4-23　通过"文件"菜单保存电影

2）在弹出的"保存电影"对话框中设置保存位置并输入文件名，在"保存类型"下拉列表中选择要保存的类型，单击"保存（S）"按钮即可保存电影。

3）弹出"影音制作"对话框，显示电影保存的进度。经过一段时间后，提示影音制作完成，可以播放该视频文件或打开其所在的文件夹，如图 4-4-24 所示。

图 4-4-24　通过"开始"→"保存电影"按钮保存电影

提示

　　Windows Movie Maker 中可添加多种特效，将素材导入后，就可以为视频添加特效了，有艺术、电影、镜像、动作和淡化等多种效果。

　　相邻的两个素材之间可以直接进行切换，但有时会显得突兀，可利用 Windows Movie Maker 中的"动画"选项卡进行转场过渡特效的添加，可选择粉碎、电影、流行型等多种效果，使画面过渡得更加自然。

任务 5　Metro 风格应用的使用

1. 了解 Windows 10 的 Metro 风格应用。
2. 能使用 Windows 10 的 Metro 风格应用。

　　某学校信息工程系要组织 Windows 10 实用工具比赛，要求学生熟练使用 Windows 10 的各项工具，其中 Metro 风格应用就是比赛的重要部分之一。经过班级选拔和推荐，小王同学将代表班级参加这项比赛，具体要求如下。

1. 在"人脉"应用中添加联系人，完成账户添加、查看等操作。

2. 在"地图"应用中按要求查找指定地点，获取导航线路。

3. 在"天气"应用中实时查看指定城市的天气状况。

4. 进入应用商店，对原有应用进行检查更新，根据需求下载新的应用。

一、Metro 风格应用

Metro 是一种风格，Windows 中已经全面采用了 Metro 风格应用。Metro 风格主要体现为简洁、快速响应、最少的点击次数、自动消息推送、直接内容交互和高质量的视觉效果。

Metro 风格应用在安装方面不同于其他应用，对于 Metro 风格应用来说，只能通过应用商店来购买安装。购买而来的 Metro 风格应用与账户绑定，因此无论身处何处，都可以通过同一账户将其安装于不同的设备中。

用户可以在"开始"菜单中找到 Metro 风格应用，可以通过单击磁贴或者程序列表启动 Metro 风格应用，磁贴上显示应用的名称、图标等，便于用户访问。

二、Metro 的"人脉"应用

人脉，顾名思义就是人际关系、人际网络的意思。"人脉"应用是微软的一次创新，用户不仅可以通过"人脉"应用给朋友打电话、发邮件，还可以把常用的一些社交网络服务绑定在里面，只需打开"人脉"应用就可以查看社交网站中好友的信息，还可以回复、发表新的状态等。使用这些社交网络服务时不需要再安装专门的客户端软件，通过"人脉"应用就可以轻松实现。

三、Metro 的"地图"应用

在日常的生活中，"地图"应用一直是人们外出的必备软件，在"地图"应用中，用户可以获取相应的路线并从备用路线中进行选择。外出旅行时在无法对网络进行访问的情况下也可以使用离线地图进行搜索并获取相应的路线。

四、Metro 的"天气"应用

通过 Windows 10 的"天气"应用，用户可以更方便地获取最新的天气情况，如湿度、风速、风向等基本信息，随时查看未来几天的天气预报。

五、Metro 的应用商店

应用商店是获得新的 Metro 风格应用的唯一方式，在应用商店中提供了大量免费和收费的应用。

一、"人脉"应用的使用

Windows 10 中的"人脉"应用是一个联系人和社交关系管理工具，便于用户管理和维护联系人，具体使用操作如下。

1. 单击"开始"菜单图标，找到"人脉"应用，如图 4-5-1 所示，如果因计算机版本问题无法显示，可移动鼠标光标到任务栏上任意空白位置，单击鼠标右键，选择"在任务栏上显示人脉（P）"或"任务栏设置（T）"，在弹出的"设置"窗口中打开"在任务栏上显示联系人"按钮，此时任务栏右下角就会显示"人脉"按钮，单击该按钮即可打开"人脉"应用界面，如图 4-5-2 所示。

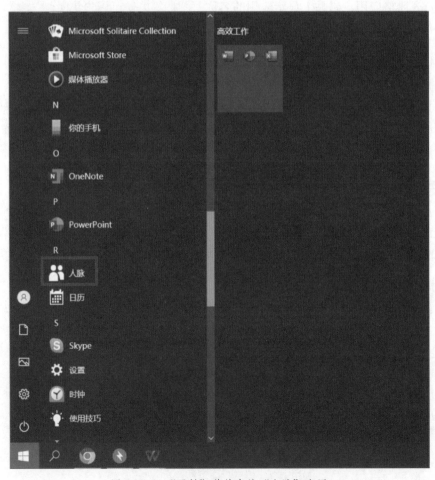

图 4-5-1 "开始"菜单中的"人脉"应用

图 4-5-2　打开"人脉"应用界面

2. 在此应用中添加联系人时，可单击"应用"面板下方的"更多"（…）按钮，选择"新建联系人"，按提示可以添加联系人，单击"保存"按钮，即可完成联系人的添加，如图 4-5-3 所示。

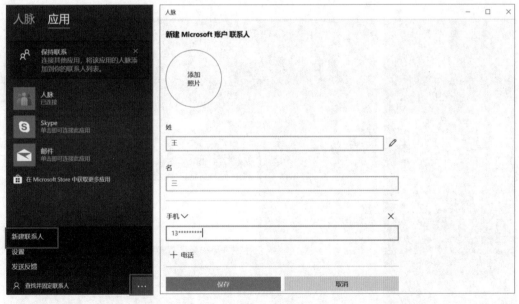

图 4-5-3　新建联系人

3. 对联系人进行查看时，可单击"人脉"，再单击要查看的联系人，即可显示联系人的详细信息界面，如图 4-5-4 所示。

4. 在"人脉"应用中添加"邮件"账户时，可在"应用"面板中单击"邮件"，弹出添加账户界面，如图 4-5-5 所示。

图 4-5-4　查看联系人

图 4-5-5　添加"邮件"账户

5. 单击"添加账户"→"其他账户"，输入相应的账户信息，单击"登录"按钮即可完成账户的添加，如图 4-5-6 所示。

图 4-5-6 完成账户添加

二、"地图"应用的使用

在日常出行时，无论是步行还是驾驶车辆出行，Windows中的"地图"应用都可以指引用户到达目的地，具体操作如下。

1. 启动"地图"应用程序

在"开始"菜单中单击"地图"应用，进入"地图"应用的主界面。

2. 查找指定的地点

在"地图"应用主界面的搜索框中输入目的地，按Enter键或者单击"搜索"按钮，即可显示搜索的结果。在搜索的结果中进行选择，界面便会转移到所在的位置，显示目的地的地图信息，如图4-5-7所示。

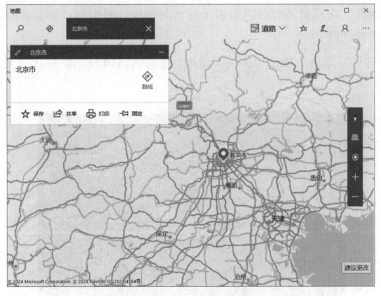

图 4-5-7 搜索相关目的地

3. 获取导航路线

使用"地图"应用可以获取到达目的地的导航路线。在搜索框中输入起点和终点位置，单击"获取路线"，即可显示导航路线，如图4-5-8所示。

图 4-5-8　获取导航路线

 提示

外出旅行时建议使用离线地图，以防在没有网络的时候，地图的导航功能无法实现。

三、"天气"应用的使用

使用"天气"应用时还可以进行多个城市的转换，根据自己的意向获取任意一个城市的天气实时状况。

1. 在"开始"菜单中单击"天气"应用，如图4-5-9所示，进入"天气"应用的主界面。

图 4-5-9　单击"天气"应用

2. 在"天气"应用的主界面中，用户可以实时查看最近的天气状况（体感温度、湿度等），如图 4-5-10 所示。

图 4-5-10　"天气"应用的主界面

四、应用商店的使用

通过应用商店可以为 Windows 10 安装新的应用，但应用商店需要连接到网络才能正常工作。

1. 下载应用

通过应用商店用户可以下载自己喜欢或者需要的应用，可以在"开始"菜单中的"最近添加"中查看下载后的应用，如图 4-5-11 和图 4-5-12 所示。

2. 更新应用

通过应用商店的更新功能可以完成对应用的更新，同时确保应用中的资料不会丢失，具体步骤如下。

（1）单击应用商店右上角的"用户"按钮，选择"设置"，如图 4-5-13 所示。

（2）在"设置"中将"应用更新"按钮打开，这样应用商店就会定期检查所有已安装的应用是否有所更新，如图 4-5-14 所示。

（3）单击"库"按钮，在"更新和下载"中通过单击"获取更新"按钮下载并安装更新的应用，如图 4-5-15 所示。

图 4-5-11　查找应用

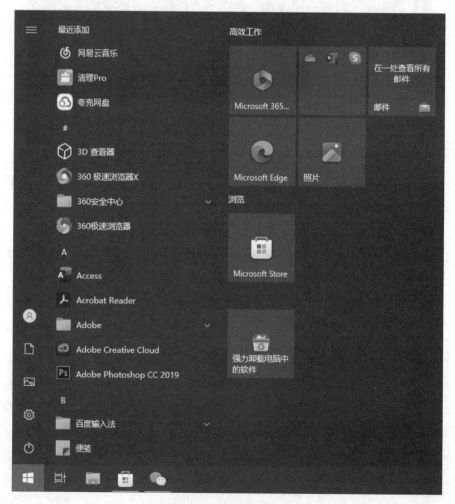

图 4-5-12　查看下载后的应用

图 4-5-13　选择"设置"

图 4-5-14　设置应用更新

"库"按钮

图 4-5-15　获取更新

提示

在下载和更新应用程序时，需要连接互联网。

项目五
Windows 10 网络工具的使用

人们经常需要在互联网上获取各种信息，进行工作、娱乐、购物等，这种行为常被称为网上冲浪，网上冲浪的主要工具是浏览器，用户通过在浏览器的地址栏中输入 URL 地址，在 Web 页面上移动鼠标光标进行浏览。

想要让计算机连接到网络，需要进行相关设置，同时也需要掌握浏览器的使用方法，便于更好地访问互联网。本项目讲解网络相关的各种设置和 Microsoft Edge 浏览器的基本操作。

任务 1　互联网的连接和安全

1. 能查看计算机的网络信息。
2. 掌握 Windows 10 中网络适配器的设置方法。
3. 掌握通过 ADSL 方式连接上网的方法。
4. 学会使用 Windows Defender 查杀病毒。

小王同学是信息工程系学生会秘书部干事，主要负责学生档案管理、资料录入等日常信息管理工作。由于工作需要，他经常会携带笔记本电脑在不同的地点开展工作，并将其接入到不同的网络中，同时为了方便使用，还需要进行设置网络适配器、查看网络配置信息等操作，具体要求如下。

1. 通过控制面板完成计算机网络信息的查看。

2. 对计算机的网络适配器进行设置。

3. 使用 ipconfig 命令查看网络详细信息。

4. 通过 ADSL 方式连接上网。

5. 使用 Windows Defender 进行快速扫描。

6. 关闭 Windows 10 自带杀毒软件。

常见的接入 Internet 的方法有 ADSL 接入、光纤宽带接入和无线连接。

一、ADSL 接入

ADSL 接入（非对称数字用户线）利用电话线，采用复用技术和调制技术，使高速数字信息和电话语音信息在一对电话线的不同频段上同时传输，在为用户提供宽带接入的同时，保证电话仍能正常使用。ADSL 接入可直接利用现有的电话线，通过 ADSL modem（调制解调器）进行数字信息传输，理论上，下行传输速率可达 8 Mbps，上行传输速率可达 1 Mbps，传输距离可达 4 ~ 5 km，其特点是速率稳定、带宽独享、语音数据不干扰等。此接入方法可满足个人、家庭等用户的大多数网络应用需求，如一些宽带业务包括视频点播、远程教学、可视电话、多媒体检索、LAN 互联、Internet 接入等。

二、光纤宽带接入

光纤宽带接入通过光纤将 Internet 接入到小区节点或楼道，再由网线连接到各个共享点上，提供一定区域的高速 Internet 接入，其特点是速率高，抗干扰能力强，适用于个人、家庭或各类企事业团体，可以实现各类高速率的互联网应用（视频服务、高速数据传输、远程交互等），缺点是一次性布线成本较高。

三、无线连接

无线连接是指采用无线通信技术建立设备之间的物理连接，为设备之间的数据通信提供基础。无线连接支持多种无线技术，如 Wi-Fi、4G、蓝牙等。其中 Wi-Fi 是一种允许电子设备连接到无线局域网（WLAN）的技术。它使用无线电波作为传输媒介，使得设备可以在没有物理连接的情况下进行高速数据传输，通常使用 2.4 GHz 或 5 GHz 的频段传输数据，允许设备在开放性的许可频段内运行。Wi-Fi 广泛应用于家庭、办公室、公共场所等场景，为人们提供了便捷的网络连接和丰富的数据传输服务。

一、网络信息的查看

1. 打开控制面板，单击"网络和 Internet"→"网络和共享中心"，如图 5-1-1 所示。

图 5-1-1 单击"网络和共享中心"

2. 在打开的"网络和共享中心"窗口中，单击左侧的"更改适配器设置"，如图 5-1-2 所示。

3. 右键单击需要进行设置的网络图标，在弹出的快捷菜单中选择"状态（U）"，如图 5-1-3 所示。

4. 单击"详细信息（E）..."按钮，查看 IP 地址等信息，如图 5-1-4 所示。

图 5-1-2　单击"更改适配器设置"

图 5-1-3　选择"状态（U）"

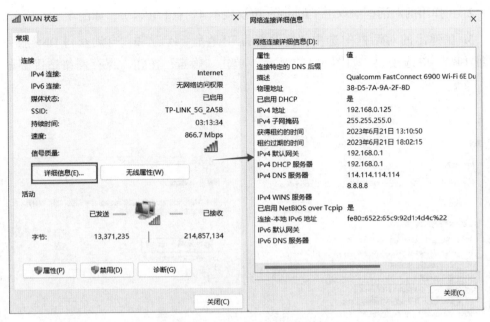

图 5-1-4　查看 IP 地址等信息

二、网络适配器的设置

1. 在"WLAN 状态"对话框中单击"属性（P）"按钮，如图 5-1-5 所示。

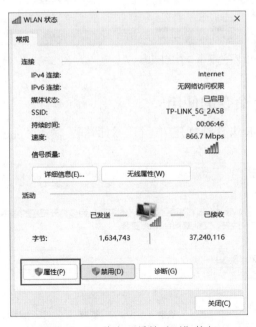

图 5-1-5　单击"属性（P）"按钮

2. 在弹出的对话框中双击"Internet 协议版本 4（TCP/IPv4）"，如图 5-1-6 所示。

3. 在弹出的对话框中选中"自动获得 IP 地址（O）"和"自动获得 DNS 服务器地址（B）"单选按钮，如图 5-1-7 所示。单击"确定"按钮，保存网络适配器的设置。

图 5-1-6　双击"Internet 协议版本 4（TCP/IPv4）"　　　图 5-1-7　选中相应的单选按钮

三、ipconfig 命令的使用

1. 使用 Windows+R 组合键打开"运行"对话框，输入"cmd"，如图 5-1-8 所示。

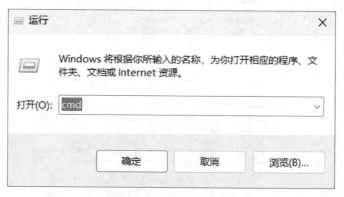

图 5-1-8　"运行"对话框

2. 按 Enter 键，打开"cmd"窗口，如图 5-1-9 所示。

图 5-1-9 "cmd"窗口

3. 输入"ipconfig /all"，按 Enter 键，如图 5-1-10 所示。

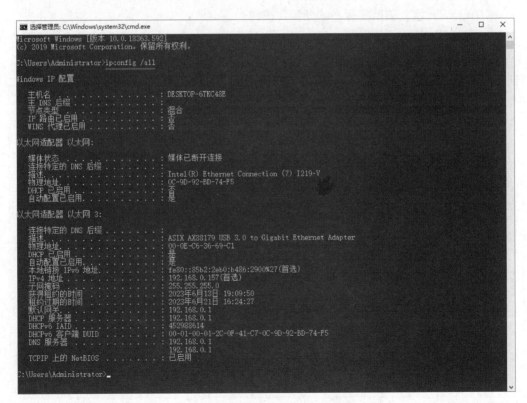

图 5-1-10 输入"ipconfig /all"

4. 查找关键信息，找到以太网适配器、IPv4 地址、默认网关、DNS 服务器地址，如图 5-1-11 所示。

```
以太网适配器 以太网 3:

   连接特定的 DNS 后缀 . . . . . . . :
   描述. . . . . . . . . . . . . . : ASIX AX88179 USB 3.0 to Gigabit Ethernet Adapter
   物理地址. . . . . . . . . . . . : 00-0E-C6-36-69-C1
   DHCP 已启用 . . . . . . . . . . : 是
   自动配置已启用. . . . . . . . . : 是
   本地链接 IPv6 地址. . . . . . . : fe80::85b2:2eb0:b486:2900%27(首选)
   IPv4 地址 . . . . . . . . . . . : 192.168.0.157(首选)
   子网掩码  . . . . . . . . . . . : 255.255.255.0
   获得租约的时间  . . . . . . . . : 2023年6月13日 19:09:50
   租约过期的时间  . . . . . . . . : 2023年6月21日 16:24:27
   默认网关. . . . . . . . . . . . : 192.168.0.1
   DHCP 服务器 . . . . . . . . . . : 192.168.0.1
   DHCPv6 IAID . . . . . . . . . . : 452988614
   DHCPv6 客户端 DUID . . . . . . : 00-01-00-01-2C-0F-41-C7-0C-9D-92-BD-74-F5
   DNS 服务器  . . . . . . . . . . : 192.168.0.1
                                      192.168.0.1
   TCPIP 上的 NetBIOS . . . . . . : 已启用
```

图 5-1-11 查找关键信息

四、通过 ADSL 方式连接上网

1. 单击"开始"菜单图标→"设置"按钮。

2. 在"设置"窗口中单击"网络和 Internet"，如图 5-1-12 所示。

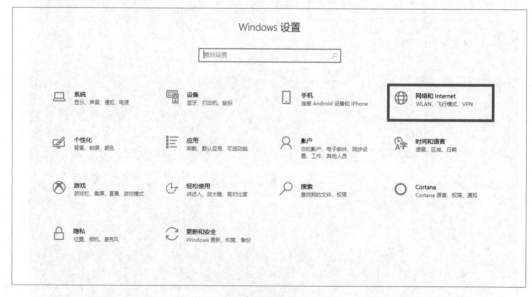

图 5-1-12 单击"网络和 Internet"

3. 在左侧栏中单击"拨号"，单击"设置新连接"，如图 5-1-13 所示。

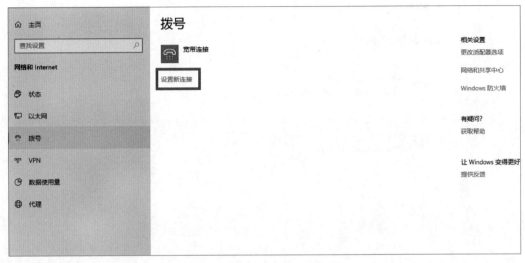

图 5-1-13　单击"设置新连接"

4. 单击"连接到 Internet"，单击"下一步（N）"按钮，如图 5-1-14 所示。

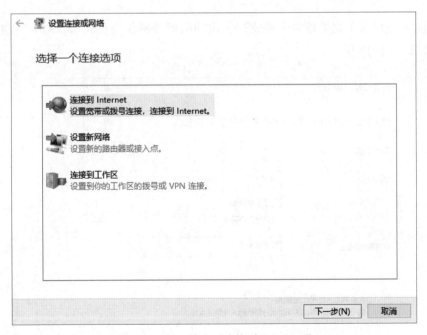

图 5-1-14　单击"连接到 Internet"

5. 单击"宽带（PPPoE）（R）"，如图 5-1-15 所示。

图 5-1-15　单击"宽带（PPPoE）（R）"

6. 输入用户名（宽带账号）和密码（由网络服务提供商提供），单击"连接（C）"按钮，如图 5-1-16 所示。

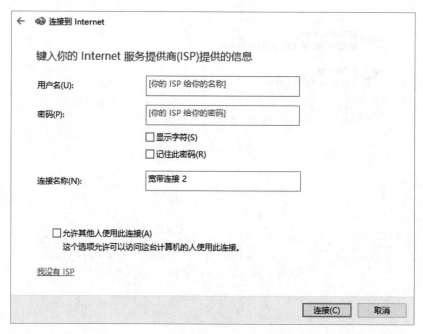

图 5-1-16　输入用户名和密码

7. 计算机通过 ADSL 连接到互联网，如图 5-1-17 所示。

图 5-1-17　计算机通过 ADSL 连接到互联网

五、Windows Defender 的应用

计算机连接 Internet 后，很多用户害怕计算机被病毒入侵，于是刚拿到计算机就积极安装杀毒软件，其实大可不必，计算机只要安装了 Windows 10，系统就自带了杀毒软件，既安全又高效。

下面使用 Windows 10 自带的杀毒软件 Windows Defender 进行快速扫描，具体操作如下。

1. 单击 Windows 10 桌面右下角的箭头图标，单击"防火墙"图标，如图 5-1-18 所示。

图 5-1-18　单击"防火墙"图标

2. 在"Windows 安全中心"中单击"病毒和威胁防护"，如图 5-1-19 所示。

3. 在"病毒和威胁防护"中单击"快速扫描"按钮，如图 5-1-20 所示，Windows Defender 开始运行。

4. 如果确定某个文件或文件夹是安全的，并希望 Windows Defender 在扫描时忽略它，可以将其添加到排除项（白名单）中。单击"病毒和威胁防护"中的"管理设置"→"添加或删除排除项"→"添加排除项"，如图 5-1-21、图 5-1-22、图 5-1-23 所示，即可手动添加白名单。

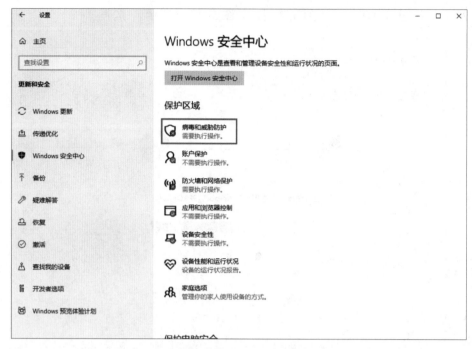

图 5-1-19　单击"病毒和威胁防护"

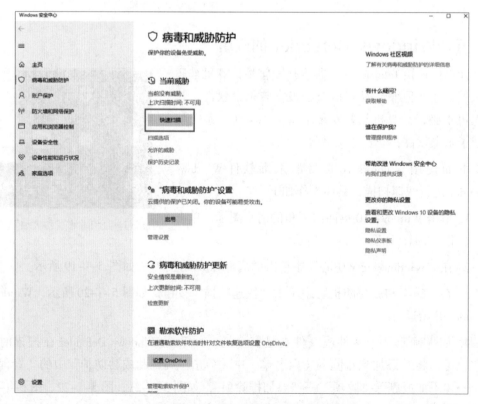

图 5-1-20　单击"快速扫描"按钮

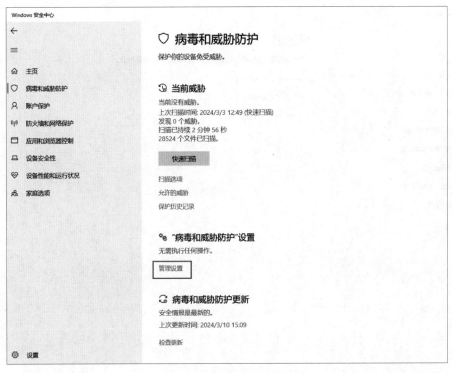

图 5-1-21　单击"管理设置"

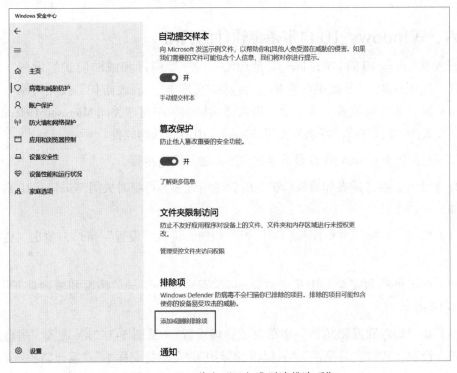

图 5-1-22　单击"添加或删除排除项"

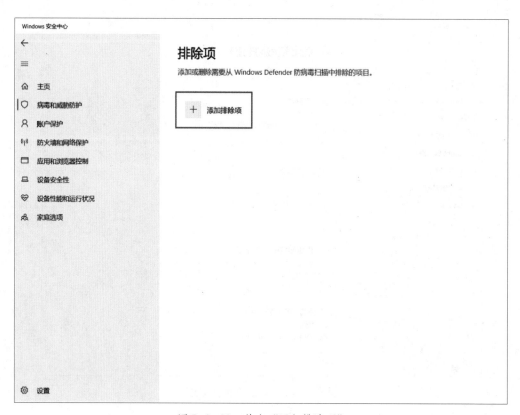

图 5-1-23　单击"添加排除项"

六、Windows 10 自带杀毒软件的关闭

进入 Windows 10 的"Windows 安全中心",在"'病毒和威胁防护'设置"中通过关闭"实时保护""云提供的保护""自动提交样本""篡改防护"按钮可临时关闭 Windows 10 自带杀毒软件;在本地"组策略编辑器"中将"关闭 Microsoft Defender 防病毒"设置为"已启用",可永久关闭 Windows 10 自带杀毒软件。

以下是关闭 Windows 10 自带杀毒软件的方法及操作步骤。

1. 方法一:在"病毒和威胁防护"的管理设置中,可临时关闭 Windows 10 自带杀毒软件。

(1)单击"开始"菜单图标→"设置"按钮,进入"设置"窗口,单击"更新和安全"。

(2)在"更新和安全"中单击"Windows 安全中心"→"病毒和威胁防护",如图 5-1-19 所示。

(3)在"病毒和威胁防护"中单击"管理设置"(见图 5-1-21)进入"病毒和威胁防护"设置,将"实时保护""云提供的保护""自动提交样本""篡改防护"4 项按钮关闭,如图 5-1-24 所示。

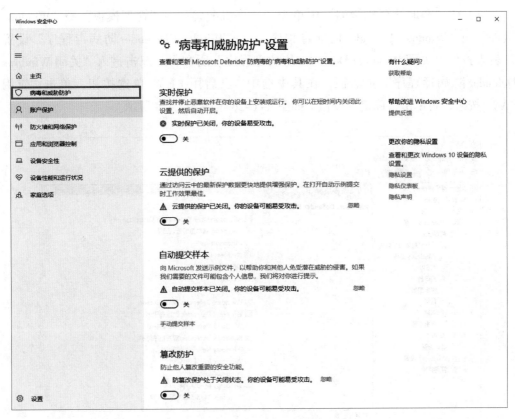

图 5-1-24 关闭 4 项按钮

2. 方法二：在本地组策略编辑器中将"关闭 Microsoft Defender 防病毒"设置为"已启用"，可永久关闭 Windows 10 自带的杀毒软件。

（1）单击"开始"菜单图标→"设置"按钮，进入"设置"窗口，在搜索框中输入"组策略"，如图 5-1-25 所示，选择"编辑组策略"。

图 5-1-25 搜索"组策略"

（2）在"本地计算机策略"中单击"计算机配置"→"管理模板"→"Windows
组件"→"Windows Defender 防病毒程序"，在"Windows Defender 防病毒程序"设置
列表中找到"关闭 Windows Defender 防病毒程序"所在行，双击进入"关闭 Windows
Defender 防病毒程序"对话框，在其中选中"已启用（E）"单选按钮，单击"应用
（A）"按钮，再单击"确定"按钮，如图 5-1-26 至图 5-1-28 所示。

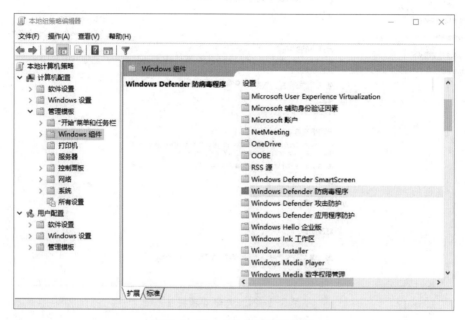

图 5-1-26　本地组策略编辑器

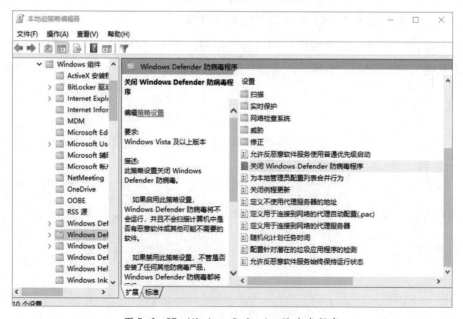

图 5-1-27　Windows Defender 防病毒程序

关闭 Windows Defender 防病毒程序　　　　　　　　　　—　□　✕

关闭 Windows Defender 防病毒程序　　　　　　上一个设置(P)　下一个设置(N)

○ 未配置(C)　　注释：

● 已启用(E)

○ 已禁用(D)

支持的平台：　Windows Vista 及以上版本

选项：　　　　　　　　　　帮助：

此策略设置关闭 Windows Defender 防病毒。

　如果启用此策略设置，Windows Defender 防病毒将不会运行，并且不会扫描计算机中是否有恶意软件或其他可能不需要的软件。

　如果禁用此策略设置，不管是否安装了任何其他防病毒产品，Windows Defender 防病毒都将运行。

　如果未配置此策略设置，Windows 将在内部管理 Windows Defender 防病毒。如果安装了其他防病毒程序，Windows 会自动禁用 Windows Defender 防病毒。否则，Windows Defender 防病毒将扫描你的计算机中是否有恶意软件和其他可能不需要的软件。

　启用或禁用此策略可能会导致意外或不受支持的行为。建议你不要配置此策略设置。

确定　　取消　　应用(A)

图 5-1-28　关闭 Windows Defender 防病毒程序

（3）重启系统后 Windows 10 自带杀毒软件就关闭了。

提示

　　Windows Defender 是 Windows 10 自带杀毒软件，默认情况下它处于打开状态，运行中存在资源占用过高而造成系统卡顿、下载或安装系统的时候有误报或误删除等现象，所以有时候需要将其关闭。除了以上两种关闭 Windows Defender 的方法，还可以通过修改注册表、修改程序运行权限后删除 Windows Defender 等方法关闭 Windows 10 自带杀毒软件。

任务2 Microsoft Edge 浏览器的使用

学习目标

1. 认识 Microsoft Edge 浏览器界面的基本组成部分。
2. 能打开 Microsoft Edge 浏览器，并浏览网页的具体内容。
3. 能熟练使用 Microsoft Edge 浏览器进行网页的收藏与查看等。

任务描述

小王同学是信息工程系学生会秘书部干事，主要负责学生档案管理、资料录入等日常信息管理工作。由于工作需要，小王要能熟练运用 Windows 10 中的 Microsoft Edge 浏览器（简称为 Edge 浏览器），具体要求如下。

1. 会使用 Edge 浏览器浏览网页。

2. 能将网页放入收藏夹。

3. 能使用 Edge 浏览器的"设置及其他"菜单。

4. 能进行网页的打开和保存。

相关知识

计算机接入 Internet 后，用户需要通过浏览器浏览网上信息，进行日常的上网活动，Edge 浏览器是微软公司开发的网页浏览器，是 Windows 10 的默认浏览器。

一、Edge 浏览器界面的基本组成

早在发布 Windows 10 预览版之时，微软就宣布了新版浏览器的开发计划，这款浏览器被正式命名为"Microsoft Edge 浏览器"，其图标如图 5-2-1 所示。

通过 Edge 浏览器打开网页，熟悉 Edge 浏览器的界面和功能，其界面的组成如图 5-2-2 所示。

图 5-2-1 "Microsoft Edge 浏览器" 图标

图 5-2-2　Edge 浏览器界面的组成

1. 标签栏

标签栏位于浏览器界面的顶部，用于显示当前已打开的网页标签。用户可以单击不同的标签快速切换浏览不同的网页。

2. 地址栏

地址栏位于标签栏的下方，用于输入网址或搜索关键词。地址栏还集成了智能地址补全和搜索建议功能，可帮助用户快速找到想要的内容。

3. 快捷菜单

快捷菜单通常隐藏在界面顶部，可以通过按 Alt+X 组合键或右键单击顶部空白处来显示，其中包括还原、移动、大小等选项。

4. 内容区域

内容区域占据浏览器界面的大部分区域，用于显示用户正在浏览的网页内容。

二、Microsoft Edge 的其他特色功能

1. Cortana 集成

Edge 浏览器是第一款与 Cortana 紧密集成的浏览器，可以直接在浏览器中使用 Cortana 来帮助查找信息、设置提醒等。

2."设置及其他"菜单

Windows 10 的 Edge 浏览器中的"设置及其他"菜单集合了多种功能，让用户可以

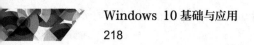
更方便地管理其在网上的活动。

3. Web 笔记

Edge 浏览器是一款支持用户直接在网页上书写、涂鸦和设置突出显示的浏览器，用户可以保存这些笔记，与他人分享。

三、Edge 浏览器和 IE 浏览器的区别

对比 Edge 浏览器和 IE 浏览器可以发现，Edge 浏览器在很多方面优于 IE 浏览器，以下是 Edge 浏览器较明显的优点。

1. 与旧技术分离

IE 浏览器需要保持对旧技术和旧标准的向后兼容性，以确保用户能够继续访问和浏览基于这些旧技术的网站。而 Edge 浏览器的出现使微软与过去区别开，无须考虑支持过时的技术。因此，它能够更加专注于为用户提供更好的浏览体验，同时减少与旧技术的兼容性问题。

提示

> 对于习惯使用 IE 浏览器的用户来说，Windows 10 还将继续支持 IE 浏览器，并提供安全补丁，但微软将不再继续开发下一版的 IE12 浏览器。

2. 更快的速度、更丰富的浏览体验

Edge 浏览器拥有比 IE 浏览器更精简、优化程度更高的代码，以 MSHTML 渲染引擎为核心，不再需要支持向后兼容性的所有代码，因此其性能更好。Edge 浏览器的运行速度是 IE11 浏览器的两倍，目前 Edge 浏览器在操作性方面比 IE11 浏览器有逾 4 200 处改进。由于利用了微软的通用 Windows 平台，Edge 浏览器在不同设备上对网页的渲染更为一致，这更符合 Windows 10 的跨平台特性。

3. 支持扩展程序

与 IE 浏览器不同的是，Edge 浏览器支持基于 JavaScript 的扩展程序，允许第三方对 Web 网页视图进行定制，增添了新功能。并且 Edge 浏览器扩展程序必须利用 HTML 和 JavaScript 开发。

4. 更加个性化

Edge 浏览器与 Bing 搜索引擎和 Cortana 的紧密整合为用户提供了更加智能化、个性化的搜索和浏览体验，同时也提高了搜索效率和安全性。

当用户在地址栏中输入一个问题时，Edge 浏览器就开始生成可能的答案，如输入

微软的股票代码，Edge 浏览器会立即返回微软当前的股价和公司信息。当用户访问一家餐馆的网页时，Edge 浏览器会准备一些用户可能感兴趣的信息，如方向、营业时间和指向菜单的链接等。

 提示

当用户询问 Cortana 的时候，"小娜"能够根据 Edge 浏览器的浏览历史推测用户可能感兴趣的新闻报道和内容的链接。

5. 更有沉浸感

Edge 浏览器采取多项措施提高用户的阅读体验。Edge 浏览器没有 IE 浏览器"花哨"，意味着 Edge 浏览器在框架上减少了容易分散用户注意力的菜单命令和元素。它提供了"阅读视图"，剥离了全部菜单、广告和其他容易分散用户注意力的元素，"阅读视图"能重新构建网页，大幅提高网页的可读性和趣味性。通过"Web 笔记"功能，Edge 浏览器提供了对 Web 网页注释的功能，用户可以直接在网站上输入注释，下次再访问该网站时注释就会显示出来，并可以与其他 Edge 浏览器用户分享注释，触屏设备用户还可以在网站上画图。

一、网页的浏览

下面利用 Edge 浏览器打开网页，熟悉 Edge 浏览器的界面和功能，具体操作如下。

1. 打开 Edge 浏览器，其界面如图 5-2-3 所示。

图 5-2-3　Edge 浏览器的界面

2. 在地址栏中输入要访问的网址，按 Enter 键，如图 5-2-4 所示。

图 5-2-4　在地址栏中输入网址

3. 浏览相关网页即可，如图 5-2-5 所示。

图 5-2-5　浏览相关网页

4. 在地址栏中可以更快速地搜索。无论是要查找主题图片，还是想要了解天气状况，用户直接在地址栏中输入搜索内容后，可以立即获得搜索结果、搜索建议，以及浏览历史记录，如图 5-2-6 所示。

图 5-2-6　在地址栏中更快速地搜索

二、网页的收藏

用户可以将平时经常浏览的一些视频平台网站或者一些经常需要访问的网页添加到收藏夹，以方便下次的访问，当用户需要登录该网页时，直接单击收藏夹中的网页进入就可以了。

下面使用 Edge 浏览器对网页进行收藏设置，具体操作如下。

1. 通过 Edge 浏览器打开想要收藏的网页，单击网页地址栏右侧的五角星图标按钮，如图 5-2-7 所示。

图 5-2-7 五角星图标按钮

2. 弹出新的对话框，单击"完成"按钮，即可完成网页的收藏，如图 5-2-8 所示。

3. 如果需要更改收藏夹中网页的名称，可以再次单击已经点亮的五角星图标按钮，在弹出的窗口中更改网页的名称，单击"完成"按钮即可，如图 5-2-9 所示。

图 5-2-8 收藏网页

图 5-2-9 更改收藏夹中网页的名称

4. 单击"收藏夹"按钮，可以在"收藏夹栏"中查看已收藏的网页，如图 5-2-10 所示。

5. 右键单击要编辑的网页，可在弹出的快捷菜单中选择相应选项，如"删除"，如图 5-2-11 所示。

图 5-2-10　查看收藏的网页

图 5-2-11　删除网页

6. 也可以直接单击右上角的"…"（设置及其他）按钮，在打开的下拉菜单中单击"收藏夹"进行浏览和设置，如图 5-2-12 所示。

图 5-2-12　设置收藏夹

三、"设置及其他"菜单的使用

Windows 10 的 Edge 浏览器中的"设置及其他"菜单（见图 5-2-12）集成了多种功能，用于新建标签页、打印、截图、在页面上查找，查看历史记录和下载等。

1. 新建标签页

在"设置及其他"菜单中选择"新建标签页"，或者直接单击浏览器上方的"+"图标，如图 5-2-13 所示，即可打开一个新的标签页。

图 5-2-13　新建标签页

2. 打印

若要打印当前网页，则可以选择"设置及其他"菜单中的"打印"，打开"打印"窗格，可以选择打印机、设置打印选项等，如图 5-2-14 所示。

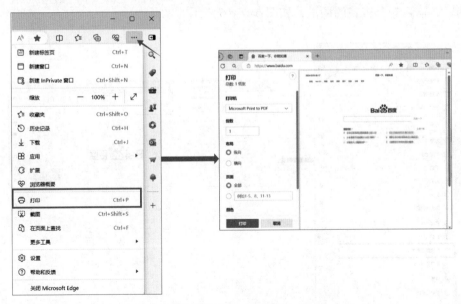

图 5-2-14　打印网页

3. 截图

若要对网页进行截图，则可以选择"设置及其他"菜单中的"截图"。用户可以选择截取整个页面、可见部分或自定义区域，如图 5-2-15 所示，并进行编辑和保存。

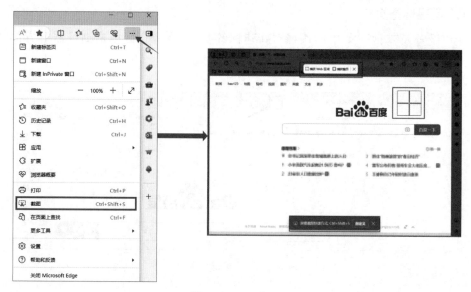

图 5-2-15　截图

4. 在页面上查找

若要在当前网页上查找特定文本，则可以选择"设置及其他"菜单中的"在页面上查找"，输入想要查找的词汇，如图 5-2-16 所示。

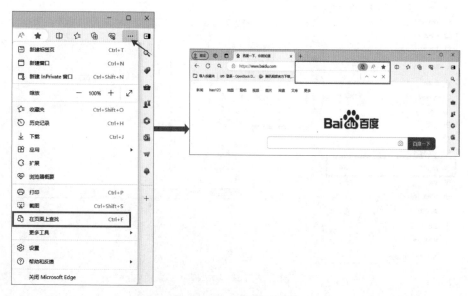

图 5-2-16　在页面上查找

5. 查看历史记录

选择"设置及其他"菜单中的"历史记录"，可以查看用户曾在 Edge 浏览器中访问过的网页列表，如图 5-2-17 所示，并可以按日期排序、搜索历史记录或清除浏览数据。

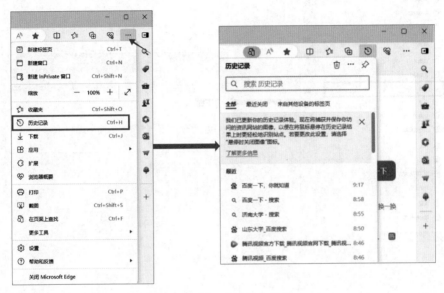

图 5-2-17　查看历史记录

6. 查看下载

选择"设置及其他"菜单中的"下载"，用户可以查看和管理其在 Edge 浏览器中下载的所有文件（如打开下载的文件、清除下载历史或重新下载文件等），如图 5-2-18 所示。

7. 设置

要进行更详细的浏览器设置，需选择"设置及其他"菜单中的"设置"，可以设置个人资料、导入浏览器数据等，如图 5-2-19 所示。

8. 保存网页

（1）在"设置及其他"菜单中选择"更多工具"→"将页面另存为"，如图 5-2-20 所示。

（2）在"另存为"对话框中设置页面的保存路径和类型等，单击"保存（S）"按钮，如图 5-2-21 所示。

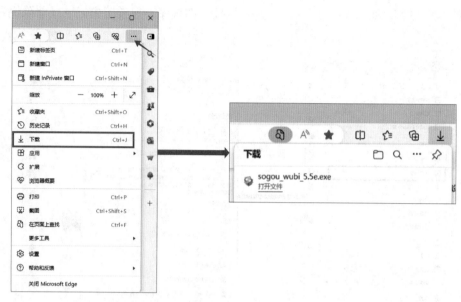

图 5-2-18　查看下载

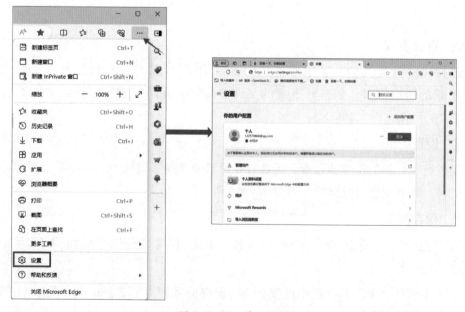

图 5-2-19　进入设置

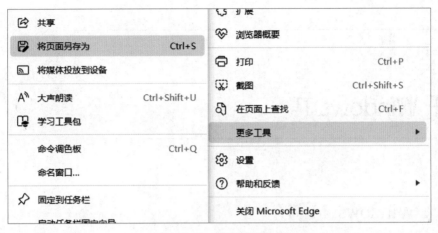

图 5-2-20 将页面另存为

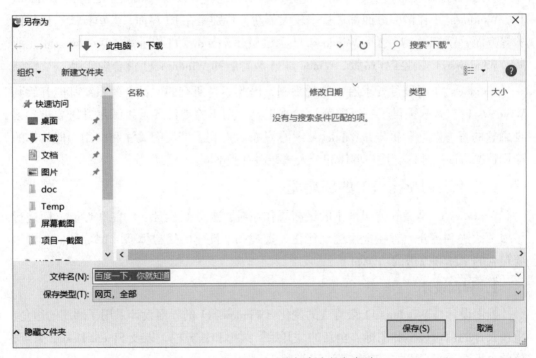

图 5-2-21 设置页面的保存路径和类型

附录
关于 Windows 11

一、Windows 11 简介

2021 年 6 月 24 日，微软公司 Windows 11（以下简称 Windows 11）首次亮相，同年 10 月 5 日正式发布，主要应用于计算机和平板电脑等设备。相较于之前的 Windows 10，Windows 11 在诸多方面都进行了较大革新，特别是在 UI 界面、菜单样式、操作体验等方面。Windows 11 包括 Windows 11 家庭版、Windows 11 专业版、Windows 11 企业版、Windows 11 专业工作站版、Windows 11 教育版和 Windows 11 混合现实版。

Windows 11 对硬件要求有一定的限制，因此不是所有的旧设备的系统都能升级到 Windows 11。微软提供了一个兼容性检查工具，用于检查设备是否满足升级要求。根据微软的官方数据和报告，Windows 11 在发布后得到了广泛的关注和应用，但具体的应用情况可能因地区、用户群体和个人选择而有所不同。

二、Windows 11 的新功能

Windows 11 是微软公司推出的最新操作系统，在外观设计、功能和性能方面进行了多项改进和更新，旨在提供更现代化、直观和个性化的用户体验。Windows 11 中主要包含的全新和改进的功能如下。

1. 界面设计

界面设计是 Windows 11 最直观的变化。Windows 11 的界面设计采用了圆润的边角、重新设计的窗口边框和图标、全新的"开始"菜单和任务栏，以及 Fluent Design 系统，使整个界面看起来更加清晰、整洁和美观。

2. 居中的任务栏

Windows 11 中的任务栏默认居中显示，这是与以往版本的显著变化之一。不管是对触摸屏设备的使用，还是对不同尺寸和分辨率显示器的适应，居中的任务栏都为用户带来了更加便利的体验。

如果用户更喜欢传统的左对齐任务栏，Windows 11 也提供了选项切换回这种布局。

3. 新的"开始"菜单

Windows 11 重新设计了"开始"菜单，移除了动态磁贴的功能，使其更简洁和集中。"开始"菜单位于任务栏的中间位置，包含最近使用的应用程序和固定的应用程序等。

4. 全新记事本

Windows 11 的全新记事本现已支持深色模式，默认情况下它和系统的主题保持同步，用户可以自行更改其主题、字体大小和格式等。为了帮助用户提高工作效率，微软还引入了重新设计的查找和替换功能，并优化了多级撤销功能，以提供更加流畅和高效的撤销体验。

如果在记事本中打开了多个文件，则通过选项卡可将它们全部保存在一个窗口中，通过按 Alt + Tab 组合键，可以在打开的文件之间快速切换。

5. 全新截图工具

Windows 11 的截图工具在功能上有所增强，支持添加文字、箭头、矩形框以及水印等标记，为用户提供了更多的编辑和标注选项。

6. 对外部显示器更友好

Windows 11 在连接外部显示器或者切换多屏显示模式时，会主动记忆外部屏幕上的窗口位置。这样，用户就可以拔下连接线，拿着笔记本电脑去开会；回来时，重新插上连接线，能继续先前的工作，无须重新进行窗口布局。

7. 输入法表情栏更新

Windows 11 的微软拼音输入法中自带了 GIF 表情，而且，可用表情也更加丰富。用户可以浏览并搜索各种有趣的 GIF 动画，并选择将它们发送到聊天或社交媒体应用程序中。这些表情符号可以增强用户的聊天体验，帮助用户更好地表达自己的情感和想法。

8. 分屏操作优化

Windows 11 引入了一个被称为 Snap Layouts 的新功能，该功能使用户可以很容易地在多个应用程序之间快速进行分屏。将鼠标光标悬停在任务栏中的应用程序图标上时，会显示该应用程序的预览，并提供一组布局选项，如左右分屏、四分屏等，只需单击所选布局，即可将应用程序放置在相应的位置。

9. 虚拟桌面增强

Windows 11 对虚拟桌面功能进行了改进，使创建和管理多个虚拟桌面更加简单和直观。用户可以将不同的应用程序和任务组织到不同的虚拟桌面上，以便更好地组织和切换工作区。

使用 Windows+Tab 组合键开启"任务视图",可在保留原桌面的基础上新建一个干净的桌面。单击任务栏上显示的虚拟桌面缩略图或"任务视图"按钮即可打开虚拟桌面。

10. 实时字幕

借助 Windows 11 上的实时字幕,可以将传入音频中的语音(如通过 Microsoft Teams 通话)转录为字幕。

要启用实时字幕功能,需先按 Windows+H 组合键,或者在任务栏上单击新的语音图标,再单击"实时字幕"按钮,之后可以选择所需的音频源(如麦克风、系统声音等)和字幕样式(如字体、颜色等),单击"打开实时字幕"按钮即可开始实时字幕。

11. 桌面系统 Widgets

Windows 11 引入了桌面系统 Widgets,它可以为用户提供个性化的信息和实时资讯,如天气、新闻、日历等。用户可以自由选择添加感兴趣的小部件到桌面上,以便随时获取相关信息。

按 Windows+W 组合键,可以快速打开 Widgets 面板。需要注意的是,Widgets 功能需要连接互联网才能获取实时信息。如果用户遇到 Widgets 无法加载内容或显示错误的问题,可以检查网络连接是否正常,并确保 Windows 11 和相应应用程序已经更新到最新版本。

12. Xbox 游戏功能

Windows 11 增强了对游戏的支持。它支持 DirectX 12 Ultimate,提供更真实的游戏体验;自动 HDR 功能为视频和游戏提供更出色的画质;Quick Resume 功能可以使多个游戏快速切换,省去了重新加载的时间。